“十三五”职业教育国家规划教材　新形态立体化教材

本教材第1版曾获首届全国教材建设奖全国

Dreamweaver

CS6

网页设计

立体化教程

微课版｜第2版

刘解放 闵文婷 / 主编　马刚 贾万祥 程淑玉 / 副主编

DREAMWEAVER

人民邮电出版社

北 京

图书在版编目（CIP）数据

Dreamweaver CS6网页设计立体化教程：微课版：
第2版 / 刘解放，闵文婷主编. -- 2版. -- 北京：人民
邮电出版社，2023.4（2024.6重印）
新形态立体化精品系列教材
ISBN 978-7-115-60366-1

Ⅰ. ①D… Ⅱ. ①刘… ②闵… Ⅲ. ①网页制作工具－
教材 Ⅳ. ①TP393.092.2

中国版本图书馆CIP数据核字(2022)第205295号

内 容 提 要

  Dreamweaver 是一款主流网页设计软件，广泛应用于网页设计的各个领域。其中 Dreamweaver CS6 是比较常用的版本。本书讲解使用 Dreamweaver CS6 进行网页设计的相关知识，主要内容包括 Dreamweaver CS6 网页制作基础，输入与格式化文本，插入图像和多媒体对象，在网页中创建超链接，布局网页版面，CSS 样式与盒子模型，模板、库、表单和行为的应用，制作 ASP 动态网页，网站的测试与发布，以及综合案例等内容。

  本书内容讲解由浅入深、循序渐进。本书先通过"情景导入"引出"课堂案例"，紧接着讲解软件知识；然后通过"项目实训"和"课后练习"巩固所学内容；最后通过"技巧提升"提升读者的软件应用综合能力，丰富并扩展与软件相关的知识。本书通过大量案例和练习，着重培养读者的实际应用能力，并将工作场景引入课堂教学，让读者提前进入职场人员的角色。

  本书适合作为高等院校网页设计与制作相关课程的教材，也可作为各类社会培训机构的教材，还可供 Dreamweaver 初学者自学使用。

♦ 主 编 刘解放 闵文婷
    副 主 编 马 刚 贾万祥 程淑玉
    责任编辑 刘 佳
    责任印制 王 郁 焦志炜
♦ 人民邮电出版社出版发行   北京市丰台区成寿寺路 11 号
    邮编 100164 电子邮件 315@ptpress.com.cn
    网址 https://www.ptpress.com.cn
    三河市君旺印务有限公司印刷
♦ 开本：787×1092 1/16
    印张：15.25   2023 年 4 月第 2 版
    字数：389 千字   2024 年 6 月河北第 4 次印刷

定价：59.80 元

读者服务热线：(010)81055256 印装质量热线：(010)81055316
反盗版热线：(010)81055315
广告经营许可证：京东市监广登字 20170147 号

前言 PREFACE

　　本书全面贯彻党的二十大精神，以社会主义核心价值观为引领，传承中华优秀传统文化，坚定文化自信，使内容更好体现时代性、把握规律性、富于创造性。

　　根据现代教学的需要，我们组织了一批优秀的、具有丰富教学经验和实践经验的作者编写了本套"新形态立体化精品系列教材"。

　　本套教材自问世以来，为广大教师授课提供了帮助，并得到了教师们的认可。让我们庆幸的是，很多教师在使用教材的同时向我们提出了宝贵的建议。为了让本套教材更好地服务于广大教师和同学，我们根据一线教师的建议，进行了教材的改版工作。改版后的教材具有"案例更多""行业知识更全""练习更多"等优点。在教学方法、教学内容、平台支撑、教学资源4个方面，本书将体现出自己的特色，更加符合现代教学的需要。

教学方法

　　本书设计了"情景导入→课堂案例→项目实训→课后练习→技巧提升"5段教学法，有机地整合了工作场景、软件知识、行业知识，各个环节环环相扣，浑然一体。

- **情景导入**：本书围绕日常工作中的场景展开，以主人公的实习情景为例引出本章教学主题，并将情景贯串于课堂案例的讲解中，让读者了解相关知识点在实际工作中的应用情况。本书涉及的人物角色如下。

  米拉：职场新人，昵称小米。

  洪钧威：人称老洪，是米拉的领导，也是米拉的"师父"。

- **课堂案例**：以来源于职场和实际工作中的案例为主线，用米拉的职场之路引出每一个课堂案例。因为这些案例均来自职场，所以应用性较强。本书在每个课堂案例中，不仅会讲解案例涉及的 Dreamweaver 软件知识，还会讲解与案例相关的行业知识，并用"行业提示"的形式展现。本书在案例的讲解过程中穿插有"知识提示""多学一招"小栏目，进一步帮助读者提升软件操作技能、拓宽知识面。

- **项目实训**：结合课堂案例讲解的知识点和实际工作需要进行综合训练。训练注重让读者自我总结和学习。项目实训只提供适当的操作思路及步骤提示以供参考，要求读者独立完成操作，充分训练读者的动手能力；同时介绍与本实训相关的"专业背景"，帮助读者提升自己的综合能力。

- **课后练习**：结合本章内容给出难度适中的上机操作题，让读者巩固强化所学知识。

- **技巧提升**：以本章案例涉及的知识为主线，深入讲解与软件相关的扩展知识，让读者不仅可以更便捷地操作软件，还可以学到软件的更多高级功能。

教学内容

本书的教学目标是循序渐进地帮助读者掌握 Dreamweaver 在网页设计与制作中的应用，全书共 10 章，内容可分为以下 5 个方面。

- **第 1 章**：主要讲解 Dreamweaver CS6 网页设计基础和站点的创建与管理等知识。
- **第 2、3 章**：主要讲解在网页中输入与格式化文本、插入图像和多媒体对象等知识。
- **第 4 ～ 7 章**：主要讲解在网页中创建超链接，使用表格、AP Div、框架布局和制作网页，CSS 样式与盒子模型的应用，模块、库、表单和行为的应用等知识。
- **第 8、9 章**：主要讲解在网页中创建 ASP 动态网页，以及测试与发布站点等知识。
- **第 10 章**：讲解综合案例——制作植物网站，进一步巩固所学知识。

特点特色

本书旨在帮助读者循序渐进地掌握 Dreamweaver CS6 的相关应用，并能在完成案例的过程中融会贯通。本书具有以下特点。

（1）立德树人

本书全面贯彻党的二十大精神，依据专业课程的特点采取了恰当方式自然融入中华传统文化、科学精神和爱国情怀等元素，注重弘扬精益求精的专业精神、职业精神和工匠精神，培养学生的创新意识，将"为学"和"为人"相结合。

（2）校企合作

本书由学校教师和企业工程师共同开发。由企业提供真实项目案例，由常年深耕教学一线、有丰富教学经验的教师执笔，将项目实践与理论知识相结合，体现了"做中学、做中教"等职业教育理论，保证了教材的职教特色。

（3）项目驱动

本书精选企业真实案例，将实际工作过程真实再现，在教学过程中培养学生的项目开发能力。以项目驱动的方式展开知识介绍，提升学生学习和认知的热情。

教学资源

本书的教学资源包括以下 4 个方面的内容。

- **素材与效果文件**：包含书中实例涉及的素材与效果文件。

- **PPT 课件和教学教案**：包括 PPT 课件和 Word 文档格式的教学教案，以便教师开展教学工作。
- **拓展资源**：包含网页设计素材等。

特别提醒：要获取上述教学资源，可访问人民邮电出版社人邮教育社区（http://www.ryjiaoyu.com/）搜索书名下载。

本书涉及的所有案例、实训中讲解的重要知识点都有相关的二维码，读者只需要用手机扫描即可观看对应的操作演示，明确知识点的讲解内容，以灵活运用碎片时间进行即时学习。

本书由刘解放、闵文婷任主编，马刚、贾万祥、程淑玉任副主编，邢丹丹参与了本书的编写。虽然编者在编写本书的过程中倾注了大量心血，但恐百密之中仍有疏漏，恳请广大读者不吝赐教。

编者

2023 年 6 月

扩展知识扫码阅读

设计基础知识

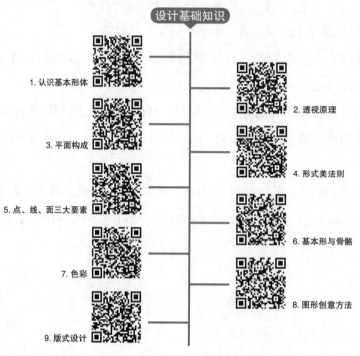

1. 认识基本形体

2. 透视原理

3. 平面构成

4. 形式美法则

5. 点、线、面三大要素

6. 基本形与骨骼

7. 色彩

8. 图形创意方法

9. 版式设计

设计应用知识

1. 图标设计

图标的概念　　图标的设计流程　　图标的设计原则

图标的设计规范　　图标的风格类型

2.App 界面设计

App 的概念　　App 设计的流程　　App 设计的原则

iOS 系统设计规范　　Android 设计规范　　App 常用界面类型

3. 招贴广告设计

4. 电商网店设计

Photoshop 在电商中的应用　　淘宝店铺各模块图片尺寸及具体要求　　网店首页各元素的设计　　商品详情页面各元素设计

5. 书籍设计

6. 包装设计

7. 网页设计

目录 CONTENTS

第10章　综合案例——制作植物网站　221

第1章
Dreamweaver CS6
网页制作基础

情景导入

　　米拉是刚到公司设计部门报到的实习生，为了让她尽快熟悉公司业务，老洪决定带领米拉一起完成接下来的工作，帮助米拉早日成为一名合格的网页设计师。

学习目标

● **熟悉网页制作的相关知识**

　　如网站和网页概述、网页常用术语、网页色彩搭配、HTML，以及常用的网页制作软件——Dreamweaver CS6等。

● **掌握"千履千寻"公司站点的创建方法**

　　如商业网站的开发流程、网页设计的内容和原则、站点规划、创建本地站点、管理站点，以及管理站点文件和文件夹等。

案例展示

▲赏析购物网站

▲"千履千寻"公司站点结构规划

1.1 课堂案例：赏析购物网站

随着互联网的普及，越来越多的企业和个人通过网站展示自己，而精美的网页设计能够提升企业和个人的形象。

米拉对职场中网站设计的概念还很模糊，于是老洪挑选了一个比较优秀的网站，让米拉在赏析的同时了解与网页制作相关的基础知识。

 素材所在位置 素材文件\第1章\课堂案例\购物网站.jpg

1.1.1 网站和网页概述

当今，大多数网络活动与网站和网页有关。要想学习网页制作，需要先了解一些网站和网页的基础知识。

1．网站和网页的关系

互联网中有成千上万个网站，每个网站又由诸多网页构成，网站是由网页组成的一个整体。

- 网站：网站是在Internet中根据一定规则，使用HTML、JavaScript、ASP、PHP等语言制作的，用于展示特定内容的相关网页集合。网站的作用通常是发布资讯或提供相关服务。
- 网页：网页是Internet中构成网站的基本元素，是网站应用平台的载体。在浏览器的地址栏中输入网站地址打开的页面就是网页。

2．网站的类型

按网站内容可将网站分为门户网站、企业网站、个人网站、专业网站和职能网站5种类型。

- 门户网站：门户网站是一种综合性网站，涉及领域非常广泛，包含文学、音乐、影视、体育、新闻、娱乐等方面的内容，还拥有论坛、搜索和短信等功能，如国内的新浪、搜狐、网易等。
- 企业网站：企业网站是企业为在互联网上展现企业形象和公司产品，对企业进行宣传而建设的网站。企业网站一般以企业的名义开发创建，网站的内容、样式和风格等都用于展示企业自身的形象。
- 个人网站：个人网站是指个人或团体因某种兴趣或拥有某种专业技术，从而提供某种服务或展示销售自己的作品、商品制作的具有独立空间域名的网站，个性明显。
- 专业网站：专业网站具有很强的专业性，通常只涉及某一个领域，如太平洋电脑网是一个电子产品专业网站。
- 职能网站：职能网站具有特定的功能，如政府职能网站、电子商务网站等，较有名的电子商务网站有天猫、京东和当当网等。

多学一招	移动端网站

随着移动设备的普及，出现了很多更适合在手机、平板计算机等移动设备上浏览的网站——移动端网站。移动端网站通常采用HTML5、CSS3、响应式布局等技术，使其支持各种分辨率的移动设备。

3．网页的类型

网页按照不同的依据，可以分为不同的类型。

- **按位置分类**：按网页在网站中的位置可将网页分为主页和内页。主页是指网站的主要导航网页，一般是进入网站时打开的第一个网页，也称为首页；内页是指与主页相链接的其他网页，是网站的内部网页。
- **按表现形式分类**：按网页的表现形式可将网页分为静态网页和动态网页。静态网页是指用HTML编写的、实际存在的网页文件，它无法处理用户信息的交互过程，扩展名为.html或.htm。动态网页使用ASP、PHP、JSP和CGI等程序生成，常与数据库结合使用，使网页产生动态效果，可以处理复杂用户信息的交互过程，扩展名为.asp、.php、.jsp。

4．网站的结构

设计与规划网站的结构，能够优化整个网站的最终呈现效果，提高网页结构的合理性，在一定程度上反映出该网站的类型定位。

- **国字型**：国字型是最常见的一种网站结构，上方为网站标题和广告条，中间为正文（左右分列两栏，用于放置导航和工具栏等），下方是站点信息。
- **拐角型**：拐角型与国字型相似，上方为标题和广告条，中间左侧较窄的一栏放超链接等内容，右侧为正文，下方为站点信息。
- **标题正文型**：标题正文型结构比较简单，主要用于突出需要表达的重点，通常最上方为通栏的标题和导航条，下方是正文部分。
- **封面型**：封面型用于展示宣传网站首页，通常以精美的大幅图像为主题，多使用HTML5动画的形式呈现。

5．网页的基本构成元素

文本、图像、超链接和音视频等是构成网页的基本元素，拥有各自的特点。组合这些元素，能够制作出各种不同类型、风格的网页。

- **文本**：文本具有占用内存少、网络传输速度快等特点，因此用户浏览和下载文本较为方便。文本是网页主要的基本元素，也是网页中的主要信息载体。
- **图像**：图像比文本更加生动和直观，可以传递一些文本不能表达的信息，具有强烈的视觉冲击力。网页中的网站标识、背景、链接等元素都可以是图像。
- **超链接**：用于指定从一个位置跳转到另一个位置的超链接，可以是文本链接、图像链接、锚链接等。超链接可以在当前网页中跳转，也可以在网页外跳转。
- **音频**：音频可以丰富网页效果，网页中常用的音频格式有MID、MP3。其中MID格式为通过计算机软硬件合成的音频，不能录制；MP3格式为压缩文件，可大幅降低音频的数据量，音质也不错，是制作网页背景音乐的首选。
- **视频**：网页中的视频文件一般为MP4格式。MP4格式具有文件小、加载速度快等特点。
- **动画**：网页中常用的动画格式主要有GIF动画和HTML5动画两种。GIF动画是逐帧动画，比较简单；HTML5动画更富表现力和视觉冲击力，还可结合声音或加入互动功能，这样更容易吸引用户眼球。

1.1.2　网页常用术语

网页的常用术语有Internet、WWW、浏览器、URL、IP、域名、HTTP、FTP、站点、

发布、超链接、导航条、客户机和服务器等。一名合格的网页设计师需要掌握这些常用术语。

1．Internet

Internet又名互联网或因特网，是由各种不同类型的计算机网络连接起来的全球性网络。

2．WWW

WWW是World Wide Web的缩写，简称Web，又名万维网。WWW的功能是让Web客户端（常用浏览器）访问Web服务器中的网页。

3．浏览器

浏览器是将Internet中的文本和其他文件翻译成网页的软件。用户可使用浏览器快捷地获取Internet中的内容。常用的浏览器有Internet Explorer、Firefox、Chrome等。

4．URL

URL是Uniform Resource Locator的缩写，又名统一资源定位符，用于指定通信协议和地址。例如，"http://www.ptpress.com.cn"就是一个URL，其中，"http://"表示通信协议为超文本传输协议，"www.ptpress.com.cn"表示网站地址。

5．IP

IP是Internet Protocol的缩写，又名网际互连协议。Internet中的每台计算机都有唯一的IP，用于表示该计算机在Internet中的位置。IP由32位二进制数（分为4段）组成，每段8位，各部分用小数点分开。IP通常分为3类，具体如下。

- **A类**：IP前8位表示网络号，后24位表示主机号，有效范围为1.0.0.1~126.255.255.254。
- **B类**：IP前16位表示网络号，后16位表示主机号，有效范围为128.0.0.1~191.255.255.254。
- **C类**：IP前24位表示网络号，后8位表示主机号，有效范围为192.0.0.1~222.255.255.254。

6．域名

域名是指网站的名称，任何网站的域名都是全世界唯一的。可以将网站的网址看作域名，例如，"www.ptpress.com.cn"就是人民邮电出版社网站的域名。域名由固定的网络域名管理组织进行全球统一管理，用户需向各地的网络管理机构申请域名。域名的书写格式为："机构名.主机名.类别名.地区名"。例如，人民邮电出版社网站的域名为"www.ptpress.com.cn"，其中"www"为机构名，"ptpress"为主机名，"com"为类别名，"cn"为地区名。

7．HTTP

HTTP是HpyerText Transfer Protocol的缩写，又名超文本传输协议，是互联网上应用较为广泛的一种网络协议。所有WWW文件都必须遵守这个协议。

8．FTP

FTP是File Transfer Protocol的缩写，又名文件传输协议。通过这个协议，用户可以将文件从一个地方传到另外一个地方，实现资源共享。

9．站点

站点是内容管理平台中主要管理的逻辑单元，站点管理是组织、维护和管理一个Internet站点的功能集合。站点可分为父站点和子站点（站点和虚拟目录）。通过站点管理，用户可以根据需要设计出网站结构。通俗地说，一个站点就是存放一个网站所有内容的文件夹。使用Dreamweaver设计网页就是以站点为基础的，用户必须为每一个要处理的网站建立一个本地站点。

10．发布

发布是指将制作好的网页传到网络上的过程，也称上传网站。

11．超链接

超链接是指从一个网页指向一个目标的链接关系，这个目标可以是另一个网页，也可以是相同网页的不同位置，还可以是一个图片、一个电子邮件地址、一个文件，甚至一个程序。访问者在浏览网页时单击超链接就能跳转到与之对应的网页。图1-1所示的网页包含了文本超链接和图像超链接。

图1-1　超链接示例

12．导航条

导航条链接网站中的其他网页，如同一个网站的路标，只要单击导航条中的超链接就能进入对应的网页。

13．客户机和服务器

用户浏览网页时，实际是由个人计算机向Internet中的计算机发出请求，Internet中的计算机在接收到请求后响应请求，将用户需要的内容通过Internet发到个人计算机上。这种发送请求的个人计算机称为客户机或客户端，Internet中的计算机称为服务器或服务端。

1.1.3　网页色彩搭配

良好的色彩搭配是制作优秀网页的前提，不仅能给用户带来视觉冲击，还能加深用户对网页的印象。

1．网页安全色

由于浏览器、显示器分辨率、计算机配置等不同，网页呈现在各用户眼前的效果也不相同，因此需要了解并使用网页安全色进行网页配色，以达到较为理想的配色效果。

网页安全色是指在不同硬件环境、操作系统、浏览器中都能够正常显示的色彩集合（调色板或者色谱），包括红色（Red）、绿色（Green）、蓝色（Blue）3种颜色的数字信号值（DAC Count）为0、51、102、153、204、255时构成的颜色组合，一共有216种颜色（其中彩色有210种，无彩色有6种）。在设置颜色时，单击要设置的色块，打开颜色面板，"立方色""连续色调"等色板中的颜色即网页安全色。要切换色板，可以单击右上角的▶按钮，在弹出的菜单中执行相应的命令即可，如图1-2所示。

图1-2　Dreamweaver中的颜色面板

网页安全色在展示高精度的渐变效果、显示真彩图像或照片时有一定欠缺，用户不需要刻意局限使用这216种网页安全色，可选择搭配安全色和非安全色，制作出具有个性和创意的网页。

2．色彩表达方式

在Dreamweaver中，颜色值最常见的表达方式是十六进制。十六进制是计算机中表示数据的一种方法，由数字0~9、字母A~F组成（字母不区分大小写）。颜色值可以表示为6位的十六进制数，并且需要在前面加上特殊符号"#"，如#0E533D。

3．网页设计中常用的色彩搭配方式

网页设计中常用的色彩搭配方式包括相近色配色和对比色配色。

● **相近色配色**：相近色是指相同色系的颜色。使用相近色搭配网页色彩，可以使网页效果统一和谐，如网页中统一使用暖色调或冷色调。

● **对比色配色**：对比色是指两种可以明显区分的颜色，包括色相对比、明度对比、饱和度对比、冷暖对比明显的颜色，如任何色彩和黑、白、灰，深色和浅色，冷色和暖色，亮色和暗色。

1.1.4　HTML

HTML是网页设置的语法基础，是Hyper Text Markup Language的缩写，又叫超文本标记语言。HTML是一种用于描述网页文档的标记语言。

1．HTML概念

HTML是标准通用标记语言下的一个应用，也是一种规范和标准。HTML通过标签来标记要显示在网页中的各个部分。网页本身是一种文本文件，在网页中添加标签，可告诉浏览器如何显示其中的内容，如文字如何处理、画面如何安排、图片如何显示等。

HTML的使用不复杂，功能却很强大，支持不同数据格式的文件，包括图片、音频、视频、动画、表单和超链接等内容。HTML的主要特点有简易性、可扩展性、平台无关性。

● **简易性**：HTML版本升级采用超集方式，灵活方便。

● **可扩展性**：HTML采取子类元素的方式，保证HTML能够提供系统扩展。

● **平台无关性**：使用同一标准的浏览器查看一份HTML文档时，显示效果是一样的。但由于网页浏览器的种类很多，为让使用不同标准浏览器的用户能查看到同样显示效果的HTML文档，HTML使用了统一标准。

2．HTML快速入门

HTML其实是文本，需要浏览器解释。HTML的编辑软件大体可以分为基本文本、文档编辑软件，半所见即所得软件和所见即所得软件3种。

● **基本文本、文档编辑软件**：可以使用Windows自带的记事本或写字板编写HTML，保存时使用.htm或.html作为扩展名，方便浏览器直接运行。

● **半所见即所得软件**：半所见即所得软件能大大提高开发效率，使制作者能在短时间内做出主页，并学习HTML。这种类型的软件主要有网页作坊、eWebEditer和SublimeText等。

● **所见即所得软件**：所见即所得软件是使用较广泛的编辑软件，即使用户完全不懂HTML的知识也可以制作出网页，这类软件主要有Amaya、Dreamweaver等。所见即所得软件的开发速度更快、效率更高、直观表现力更强，只需要刷新就可以显示任何地方的修改。

HTML简单且容易上手。下面打开一个HTML文件，进行HTML的快速入门学习。在IE浏览器中打开一个index.html文件，如图1-3所示。在网页空白处单击鼠标右键，在弹出的快捷菜单中执行"查看源"命令，查看网页的HTML源文件，如图1-4所示。

图1-3　打开文件

图1-4　查看源文件

标准的HTML文件都有基本的整体结构，包括头部、实体、元素和元素的属性。结构中的标签一般都成对出现（部分标签除外，如
）。

（1）头部

<head>和</head>标签分别表示头部信息的开始和结尾。头部中的标签用于标记网页的标题、序言、说明等内容，标签本身不作为内容显示，但会影响网页显示的效果。头部中最常用的标签是标题标签和<meta>标签，其中标题标签用于定义网页标题内容的显示，<head>标签用于描述文件的属性。

（2）实体

<body>和</body>是HTML正文标签，又称实体标签，网页中显示的实际内容均包含在这两个正文标签之间。

（3）元素

HTML元素用来标记文本、表示文本的内容，如body、h1、p、title。常见的元素标签如表1-1所示。

表1-1　常见的元素标签

名称	标签	示例及说明
超链接	<a>、</a>	<a href="url"> 显示的文字或图片 </a>
表格	<table>，行为 <tr>，单元格为 <td>	<table><tr><td> 行 </td></tr></table>
列表	<list>，列表为 <ul>，项为 <li>	<list><ul><li> 项目 </li><ul></list>
表单	<form>、</form>	<form><input type="submit" value=" 提交 "></form>
图片	<img>	<img src = "/images/ smile.jpg" alt=" 个人照片 ">
字体	<font>、</font>	<font color="#0000FF"> 这是我的个人主页 </font>

（4）元素的属性

HTML元素可以拥有属性，属性可以扩展HTML元素的功能。例如，img元素的alt属性可以为图片添加文本说明，如<img src = " /images/ smile.jpg" alt="个人照片">。

通常属性名和属性值成对出现，如alt="个人照片"，alt是属性名，"个人照片"是属性值，属性值一般用双引号标记。

1.1.5　常用的网页制作软件——Dreamweaver CS6

网页制作工具种类繁多，比较常用的是Dreamweaver CS6。Dreamweaver CS6支持XHTML和CSS标准，能够在可视化编辑窗口中通过拖动鼠标快速制作网页效果，减少代码的编写量，使网页设计过程变得更简单。

执行【开始】/【所有程序】/【Adobe Dreamweaver CS6】菜单命令即可启动Dreamweaver CS6，其工作界面如图1-5所示。

图1-5　Dreamweaver CS6的工作界面

1．标题栏

Dreamweaver CS6的标题栏集合了一些非常实用的操作功能，包括"布局"按钮■▼、"扩展"按钮✿▼、"站点"按钮品▼和"设计器"按钮 设计器▼ 等，单击按钮可快速执行相应的命令。若将Dreamweaver CS6的工作界面最大化，则菜单栏将与标题栏合并，位于Dreamweaver CS6图标和 设计器▼ 按钮之间，为文档编辑区提供更大的操作空间。

2．菜单栏

菜单栏位于标题栏下方，以菜单命令的方式集合了Dreamweaver网页制作的所有命令。单击某个菜单项，在打开的菜单中选择命令即可执行对应的操作。

3．文档工具栏

文档工具栏位于菜单栏下方，主要用于显示网页名称、切换视图模式、查看源代码、设置网页标题等。Dreamweaver CS6提供了设计视图、代码视图、拆分视图和实时视图4种视图。

- **设计视图**：设计视图仅在文档编辑区显示网页的设计界面。在文档工具栏中单击 设计 按钮可切换到该视图，如图1-6所示。
- **代码视图**：代码视图仅在文档编辑区显示网页的代码，适用于直接编写代码。在文档工具栏中单击 代码 按钮可切换到该视图，如图1-7所示。
- **拆分视图**：拆分视图可在文档编辑区同时显示代码视图和设计视图。在文档工具栏中单击 拆分 按钮可切换到该视图，如图1-8所示。
- **实时视图**：实时视图可在网页中显示JavaScript特效。在文档工具栏中单击 实时视图 按钮可切换到该视图，如图1-9所示。

图1-6　设计视图

图1-7　代码视图

图1-8　拆分视图

图1-9　实时视图

4．面板组

默认情况下，面板组位于工作界面右侧，面板组包括设计类面板、文件类面板和应用程序类面板。

● **设计类面板**：设计类面板包括"CSS样式"和"AP元素"两个面板，如图1-10所示。"CSS样式"面板用于CSS样式的编辑操作，依次单击面板右下角的按钮，可实现CSS样式的扩展、新建、编辑、删除等操作。"AP元素"面板可分配有绝对位置的Div或任何HTML标签，防止元素重叠，以及更改元素可见性，嵌套、堆叠或选择元素。

● **文件类面板**：文件类面板包括"文件""资源""代码片断"3个面板，如图1-11所示。在"文件"面板中可查看站点、文件或文件夹，更改查看区域的大小；也可展开或折叠"文件"面板，当面板折叠时，以文件列表的形式显示本地站点等内容。"资源"面板可管理当前站点中的资源，显示文档编辑区相关的站点资源。"代码片断"面板收录了一些非常有用或经常使用的代码片段，以方便用户使用。

● **应用程序类面板**：应用程序类面板包括"数据库""服务器行为""绑定"3个面板，如图1-12所示。用户可使用应用程序类面板链接数据库、读取记录集、创建动态的Web应用程序。

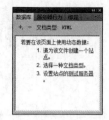

图1-10　设计类面板　　　　　　图1-11　文件类面板　　　　　图1-12　应用程序类面板

Dreamweaver CS6面板组的可操作性强，例如，可打开"插入"面板、展开"插入"面板、关闭"插入"面板、切换插入栏、切换面板和移动面板。

● **打开"插入"面板**：执行【窗口】/【插入】菜单命令或按【Ctrl+F2】组合键。
● **展开"插入"面板**：双击"插入"面板的【插入】标签可展开面板中的内容，再次双击可折叠面板中的内容。
● **关闭"插入"面板**：在【插入】标签上单击鼠标右键，在弹出的快捷菜单中执行【关闭】命令。
● **切换插入栏**："插入"面板中默认显示的是"常用"插入栏，如需切换到其他类别，则展开插入栏并单击▼按钮，在打开的下拉列表框中选择相应的类别。图1-13所示为将"常用"插入栏切换为"布局"插入栏的操作。

图1-13　切换插入栏

● **切换面板**：当面板组中包含多个标签时，单击标签即可切换到对应的面板。图1-14所示为单击【AP元素】标签后切换到"AP元素"面板的过程。
● **移动面板**：拖动某个面板标签至该面板组或其他面板组上，出现蓝色框线后释放鼠标左键即可移动面板。图1-15所示为将"代码片断"面板移动到"AP元素"面板右侧的过程。使用此方法可将常用面板组成一个面板组。

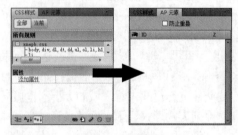

图1-14　切换面板　　　　　　　　　图1-15　移动面板

5. 文档编辑区

文档编辑区用来输入和编辑网页文档内容。文档编辑区中有一个不断闪烁的光标，即"插入点"，用于确定对象的输入位置。

6．状态栏

状态栏位于文档编辑区下方，包括标签选择器、选取工具、手形工具、缩放工具、"设置缩放比例"下拉列表框、"窗口大小"栏和"文件大小"栏。

- **标签选择器 `<body>`**：标签选择器用于显示常用的HTML标签，单击相应标签可以快速选中编辑区中对应的对象。
- **选取工具 ▶**：选择选取工具后，可以在文档编辑区中选择各种对象。
- **手形工具 ✋**：选择手形工具后，在文档编辑区中单击并按住鼠标左键拖曳鼠标可移动整个网页，查看未显示出的网页内容。
- **缩放工具 🔍**：选择缩放工具后，在文档编辑区中单击可以放大显示文档编辑区中的内容；在按住【Alt】键的同时单击，可缩小显示文档编辑区中的内容；按住鼠标左键并拖曳鼠标，可绘制矩形框并放大显示框住的部分。
- **"设置缩放比例"下拉列表框 `100%▾`**：用于设置设计视图的缩放比例。
- **"窗口大小"栏 `□ □ 🖳 680 x 303 ▾`**：显示当前文档编辑区的尺寸。
- **"文件大小"栏 `1 K / 1 秒 Unicode (UTF-8)`**：显示当前网页文件的大小和下载需要的时间。

7．属性面板

属性面板位于Dreamweaver CS6底部，用于查看和设置所选对象的各种属性。

1.1.6 从内容、结构、形式和配色上赏析网站

随着网上购物的普及，购物类网站的网页设计也发生着变化，其中典型的变化有网站页面更加丰富多样、功能更加强大。图1-16所示为一个购物类网站的首页。

高清彩图

购物类网站首页

图1-16　购物类网站首页

- **从内容上看**：该网站是一个典型的购物网站。
- **从结构上看**：该网页采用拐角型结构，即从网页开始位置到导航位置为一行，中间左侧是超链接条目，中间右侧放置的是主要内容，网页最下方的注明等内容为一行。

- **从形式上看**：网页中间的主要内容用大图片来展现，吸引用户眼球，右侧的图片轮显动画提升了视觉效果并添加了交互功能。
- **从配色上看**：整个网页颜色统一，且对图片进行了主色调统一处理，背景颜色、文字颜色和商品图片颜色搭配协调。

1.2 课堂案例：创建"千履千寻"公司站点

经过一段时间的学习，米拉了解了网页制作的基础知识。今天，老洪带着米拉正式设计并制作网站。

在创建站点前，需要先了解网站的开发流程、网页设计的内容和原则，然后根据这些流程和原则规划"千履千寻"公司站点的内容，再在计算机中创建本地站点，最后检查创建的站点，编辑和管理不合理的站点文件或文件夹。

1.2.1 商业网站的开发流程

对于专门从事网站开发的公司来说，需要根据客户的需求开发网站。商业网站的基本开发流程如图1-17所示，主要分为"需求分析""项目实现""发布验收"3个阶段，阶段中的每个环节都应有相应的责任人。

1．需求分析阶段

在这一阶段，需求分析人员首先设计出站点的结构，然后规划站点所需功能、内容结构网页等，并交给客户确认。在这一过程中，相关人员需要与客户紧密沟通，认真分析客户提出的需求，以减少后期的变更。

2．项目实现阶段

在确认功能、内容结构网页后，可以将功能、内容结构网页交付美工人员完成美术设计，设计完成后交给客户确认，确认后，编程人员开始为客户制作静态站点。制作完成后再次为客户演示，在此静态站点上修改页面设计和功能直至客户满意。随后完成数据库设计和编程开发。

3．发布验收阶段

整个网站制作完成后，需要先对网站

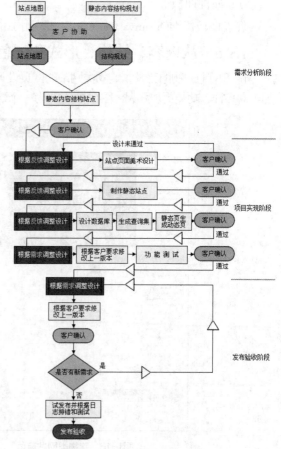

图1-17 商业网站开发流程图

进行测试，检查网页的美观度、易用性、是否有代码错误等。测试通过后即可试运行，在试运行阶段，编程人员还需根据收集到的日志进行排错、测试，最后交付客户使用。

1.2.2 网页设计的内容和原则

熟悉网页设计的内容和原则，有助于在站点规划和网页设计时达到满意的效果。

1．网页设计内容

网页设计内容包括确定网站背景和定位、确定网站目标、内容与形象规划，以及网站推广4个方面。

- **确定网站背景和定位**：确定网站背景是指在规划网站前，对网站环境进行调查分析，包括社会环境调查、消费者调查、竞争对手调查、资源调查等。网站定位是指在调查的基础上对网站进一步规划，一般根据调查结果确定网站的服务对象和内容。需要注意的是，网站的内容要有针对性。

- **确定网站目标**：确定网站目标是指总体上为网站建设提供框架大纲、确定网站需要实现的功能等。

- **内容与形象规划**：网站的内容与形象是网站吸引用户的主要因素，与内容相比，形象具有更加丰富的表现效果。形象设计包括网站的风格设计、版式设计、布局设计等方面，需要设计师、编辑人员、策划人员全力合作，达到内容与形象高度统一。

- **网站推广**：网站推广是网页设计过程中必不可少的环节。一个优秀的网站，尤其是商业网站，有效的市场推广是成功的关键因素。

2．网页设计原则

网页设计需要内容与形式统一，另外还要确定风格定位和使用CIS。

- **统一内容与形式**：好的网站应当具有编辑合理性与形式统一性。形式是为内容服务的，而内容需要利用美观的形式吸引用户的关注。就如同产品与包装的关系，包装对产品销售起到较大的作用。不同类型的网站，表现风格也不同，通常表现在色彩、构图和版式等方面。例如，新闻网站可采用简洁的色彩和大篇幅的构图，娱乐网站可采用丰富的色彩和个性化的排版等。总之，设计时要采用美观、科学的色彩搭配和构图原则。

- **确定风格定位**：网站的风格定位对网页设计具有决定性的作用，网站风格包括内容风格和设计风格。内容风格主要体现在文字的展现方法和表达方法上，设计风格则体现在构图和排版上。网站风格通常依赖版式设计、网页色调、图文并茂等体现，这需要一定的美术修养和软件技能。

多学一招

如何保持网站内部设计风格统一

保持网页中某部分固定不变，如Logo或导航栏等，或设计相同风格的图表、图片。通常，上下结构的网页可保持导航栏和顶部的Logo等内容固定不变。需要注意的是，不能使网页陷入一个完全固定不变的模式，要在统一的前提下寻找变化，寻找设计风格的衔接和设计元素的多元化。

- **CIS的使用**：CIS是Corporate Identity System的缩写，又名企业识别系统，CIS设计是指企业、公司、团体在形象上的整体设计，包括企业理念识别（Mind Identity，MI）、企业行为识别（Behavior Identity，BI）、企业视觉识别（Visual Identity，VI）

3 部分。VI 是 CIS 中的视觉传达系统，合理规定了企业形象在各种环境下的应用。将 VI 设计应用于网页设计中，是 VI 设计的延伸，即网站网页的构成元素以 VI 为核心，并加以延伸和拓展。标志、色彩、风格、理念的统一延续是在网站中应用 VI 的重点。随着网络的发展，网站成为企业、集团宣传自身形象和传递企业信息的一个重要窗口。因此，VI 系统在提高网站质量、树立专业形象等方面起着举足轻重的作用。CIS 的使用还包括标准化的 Logo 和标准化的色彩两部分。MI 是确立企业独具特色的经营理念，是企业生产经营过程中设计、科研、生产、营销、服务、管理等经营理念的识别系统，是企业对当前和未来一个时期的经营目标、经营思想、营销方式和营销形态所做的总体规划和界定，属于企业文化的意识形态范畴。BI 是企业实际经营理念与创造企业文化的准则，能对企业运作方式所做的统一规划形成动态识别系统。

1.2.3　站点规划

站点规划主要是指规划站点的结构，即利用不同的文件夹保存不同的网页内容，从而提高工作效率，加快站点的构建速度。

1．前期策划和内容组织

在制作网站前，需要先准确定位网站，明确网站的功能和作用，然后规划网站的栏目和目录结构，以及网页布局等。

一般来讲，较常采用的规划方法是树型模式规划法。本例的"千履千寻"公司站点也将按照这种模式进行规划，首先规划网站首页，然后按不同内容将网站分成多个网页，每个网页可根据需要进行细分。图 1-18 所示为"千履千寻"公司站点的结构规划。

图 1-18　"千履千寻"公司站点结构规划

2．整理和搜集资料

在制作网页前应先搜集要用到的文字资料、图片素材及用于增添网页特效的动画等资料，并将这些资料分类保存在相应的文件夹中。

行业
提示

何时向客户收取网站制作费用

通常在确定网站草图后，设计网页效果图期间就可以预算网站的制作费用、域名与虚拟主机费用，以及后期维护和技术支持费用等，并与客户商讨收取标准和方式等。

1.2.4　创建本地站点

下面以新建"千履千寻"公司本地站点为例，介绍本地站点的创建方法，具体操作如下。

（1）执行【开始】/【所有程序】/【Adobe Dreamweaver CS6】菜单命令，启动Dreamweaver CS6并进入其工作界面。

（2）执行【站点】/【新建站点】菜单命令，打开"站点设置对象 未命名站点1"对话框，在"站点名称"文本框中输入"qlqxsite"，单击"本地站点文件夹"文本框右侧的"浏览文件夹"按钮，如图1-19所示。

微课视频
创建本地站点

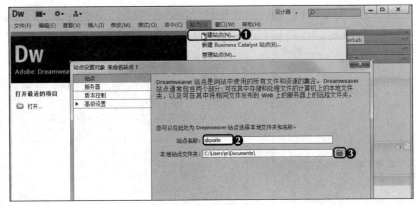

图1-19　设置站点名称

（3）打开"选择根文件夹"对话框，在"选择"下拉列表框中选择D盘中事先创建好的"wangye"文件夹，单击 [选择(S)] 按钮，如图1-20所示。返回"站点设置对象 qlqxsite"对话框，单击 [保存] 按钮。

（4）在面板组的"文件"面板中查看创建的站点，如图1-21所示。

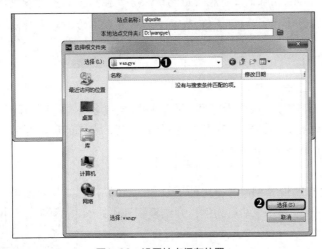

图1-20　设置站点保存位置

图1-21　查看创建的站点

1.2.5　管理站点

创建好本地站点后，可管理该站点，包括编辑站点、删除站点和复制站点等操作。

1．编辑站点

下面以更改"千履千寻"公司站点的Web URL为例，介绍编辑站点

微课视频
编辑站点

的方法，具体操作如下。

（1）执行【站点】/【管理站点】菜单命令，打开"管理站点"对话框，在"名称"列表框中选择"qlqxsite"，单击"编辑"按钮，如图1-22所示。

（2）在打开的对话框左侧单击"高级设置"选项左侧的 ▶ 按钮，在展开的列表中选择"本地信息"选项，在"Web URL"文本框中输入"http://localhost/"，然后单击 保存 按钮，如图1-23所示。

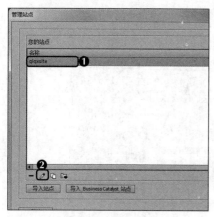

图1-22 编辑站点

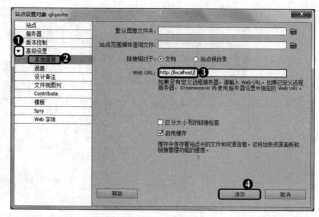

图1-23 设置Web URL

（3）打开提示对话框，单击 确定 按钮，再单击 完成 按钮关闭"管理站点"对话框。

> **知识提示**
>
> **为什么要指定Web URL**
>
> 指定Web URL后，Dreamweaver才能使用测试服务器显示数据并连接到数据库。其中测试服务器的Web URL由域名和Web站点主目录的任意子目录或虚拟目录组成。

2．删除站点

不再需要的站点应及时删除，这样不仅便于管理，而且能释放更多资源空间。删除站点的方法为：打开"管理站点"对话框，在列表框中选择要删除的站点，单击"删除当前选定的站点"按钮，在打开的提示对话框中单击 是(Y) 按钮。

3．复制站点

当需要新建的站点与当前站点的设置相似时，可使用复制站点的方法快速完成新建。下面以复制"千履千寻"站点为例，介绍复制站点的方法，具体操作如下。

（1）打开"管理站点"对话框，在列表框中选择"qlqxsite"，单击"复制"按钮 复制站点，再单击"编辑"按钮，如图1-24所示。

微课视频
复制站点

（2）打开"站点设置对象 qlqxsite"对话框，按需要重新设置此站点的名称和保存位置，单击 保存 按钮，如图1-25所示。返回"站点管理"对话框，单击 完成(D) 按钮。

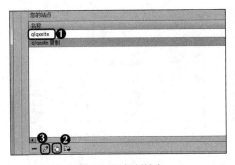

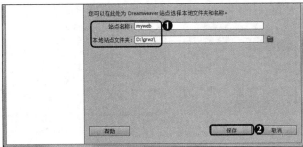

图1-24　复制站点　　　　　　　　图1-25　设置站点名称和保存位置

1.2.6　管理站点文件和文件夹

微课视频
管理站点文件和文件夹

　　为了更好地管理网页和素材，下面以管理"千履千寻"站点的文件和文件夹为例，介绍新建、重命名、复制和删除文件与文件夹的方法，具体操作如下。

（1）在"文件"面板的"站点-qlqxsite"选项上单击鼠标右键，在弹出的快捷菜单中执行【新建文件】命令，如图1-26所示。

（2）新建文件的名称呈可编辑状态，输入"index"（首页）后按【Enter】键确认，如图1-27所示。

（3）在"站点-qlqxsite"选项上单击鼠标右键，在弹出的快捷菜单中执行【新建文件夹】命令。输入"gsjs"（公司介绍）作为新建文件夹的名称，然后按【Enter】键，如图1-28所示。

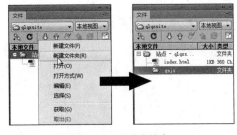

图1-26　新建文件　　　图1-27　输入名称　　　　　图1-28　新建文件夹

（4）按相同方法在"gsjs"文件夹上新建3个文件和1个文件夹，设置3个文件的名称依次为"gsjj.html"（公司简介）、"qywh.html"（企业文化）和"gsgg.html"（公司公告），设置文件夹的名称为"img"，用于存放图片，如图1-29所示。

（5）在"gsjs"文件夹上单击鼠标右键，在弹出的快捷菜单中执行【编辑】/【拷贝】命令，如图1-30所示。

（6）在"gsjs"文件夹上单击鼠标右键，在弹出的快捷菜单中执行【编辑】/【粘贴】命令，如图1-31所示。

（7）在粘贴得到的文件夹上单击鼠标右键，在弹出的快捷菜单中执行【编辑】/【重命名】命令，如图1-32所示。

（8）输入新的名称"qxcp"（旗下产品），按【Enter】键打开"更新文件"对话框，单击 更新(U) 按钮，如图1-33所示。

（9）按相同方法复制、重命名并更新文件和文件夹，效果如图1-34所示。

  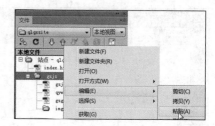

图1-29　新建文件和文件夹　　　　图1-30　复制文件夹　　　　　　图1-31　粘贴文件夹

图1-32　重命名文件夹　　　　　图1-33　更新文件链接　　　　图1-34　复制文件和文件夹

（10）如果文件夹中包含了多余文件，则选中该文件，按【Delete】键，在打开的提示对话框中单击 是(Y) 按钮将其删除。

1.3　项目实训

1.3.1　规划"果蔬网"网站

1.实训目标

本实训需要为一个水果蔬菜网上购物店规划网站。网店中的水果蔬菜是绿色有机食品。另外，网站会定期推出优惠商品，并提供团购优惠，还会分享一些与时令果蔬相关的菜谱。要求制作的网页能体现该网站的主要功能，页面设计要符合产品特色。

2.专业背景

互联网的高速发展，带动着电子商务行业的发展，越来越多的用户热衷于网络购物，购物网站的数量也在不断增加。设计者需要思考如何使设计的网站在诸多的购物网站中脱颖而出。在规划"果蔬网"网站时，需要考虑体现网站最有特色的板块、规划网站的表现内容等。

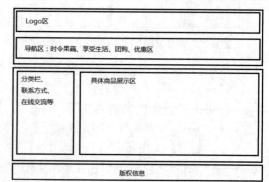

图1-35　"果蔬网"站点规划草图效果

3.操作思路

根据本实训的要求，先搜集相关图片和文字等资料，然后制作草图交给客户确认。本实训的站点规划草图效果如图1-35所示。

【步骤提示】

（1）根据客户提出的要求规划并修改网站站点基本结构。

（2）绘制草图并交给客户确认，然后搜集相关的文字、图片资料。

1.3.2　创建"快乐旅游"网站

1．实训目标

本实训为创建"快乐旅游"网站站点，包括站点中的各种文件和文件夹。要求首先规划站点结构，然后创建站点及其中的文件对象。

2．专业背景

旅游行业的不断发展，使旅游成为受大众欢迎的消费项目，旅游网站也层出不穷。好的旅游网站往往具有资源全面、操作方便、页面亲和力强等特点。"快乐旅游"网站除了应该具备旅游网站的普遍特点之外，还应该突出"快乐"，需要有效地设计和整合色彩、布局，以及使用简单轻松的文字等。除此之外，站点结构的安排也需要突出"快乐"，如网站操作简明，使用户在操作过程中感到轻松愉快。本实训暂不涉及色彩、布局等方面的规划，重点考虑站点结构。

3．操作思路

本实训主要包括规划站点结构、创建站点，以及创建站点文件和文件夹几个环节，操作思路如图1-36所示。

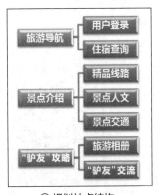 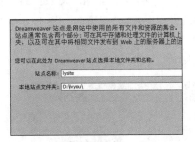 

①规划站点结构　　　②创建站点　　　③创建站点文件和文件夹

图1-36　创建"快乐旅游"站点的操作思路

【步骤提示】

（1）规划"快乐旅游"站点，使用户能轻松地完成网页查询、浏览等操作。

（2）在Dreamweaver CS6中利用【站点】菜单新建"快乐旅游"站点。

（3）在"文件"面板中创建"快乐旅游"站点的各文件和文件夹，并利用复制、粘贴和重命名的方式提高操作效率。

1.4　课后练习

本章主要介绍了网站和网页概述、网页常用术语、网页色彩搭配、HTML、常用的网页制作软件——Dreamweaver CS6、商业网站的开发流程、网页设计的内容和原则、站点规划、创建本地站点、管理站点、管理站点文件和文件夹等知识。本章内容是网页设计制作的基础，设计者应认真理解和掌握，为后面制作网页打下基础。

练习1：规划个人网站

本练习需要规划个人网站，该网站主要用于展示用户的摄影作品、个人信息和最新动态，并分享一些摄影作品的拍摄技巧。要求制作的网页能体现该网站的主要功能，页面设计符合网站特色。规划时先搜集相关的图片和文字等资料，然后绘制草图并与客户确认。本实训的站点规划草图效果如图1-37所示。

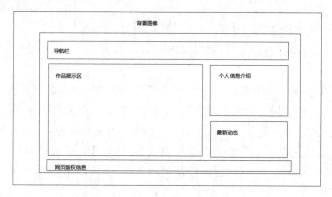

图1-37　网站站点规划草图效果

要求操作如下。

- 根据客户需要规划并修改网站站点基本结构。
- 绘制草图并交给客户确认，然后搜集相关的文字、图片资料。

练习2：使用"记事本"制作"企业文化"网页

本练习需要制作购物网站中的一个子网页——"企业文化"网页，该网页主要介绍企业的核心思想和品牌系列。制作时可使用本书提供的素材文件，完成后的参考效果如图1-38所示。

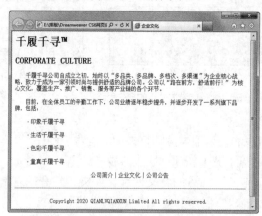

图1-38　"企业文化"网页参考效果

素材所在位置　素材文件\第1章\课后练习\企业文化.txt
效果所在位置　效果文件\第1章\课后练习\qywh.html

要求操作如下。

- 打开"记事本"程序，在其中输入HTML文档的基本框架。
- 将插入点定位到"<title>"标签后，输入文本"企业文化"。
- 将插入点定位到"<body>"标签后换行，输入一级标题文本"<h1>千履千寻™

</h1>"，再换行输入二级标题文本"<h2>CORPORATE CULTURE</h2>"。

- 将插入点定位到"<p>"标签后，从素材中选中第一段文本，按【Ctrl+C】组合键复制文本，并按【Ctrl+V】组合键粘贴。然后换行，输入标签"<p></p>"，按前面的方法依次从素材中复制并粘贴文本。接着在前6段段前输入" "，空出合适的位置。
- 在最后两段文本前后分别输入标签"<center>""</center>"，设置为网页居中。
- 将插入点定位到倒数第二段末尾，按【Enter】键换行，输入标签"<hr></hr>"，插入一条水平分割线，最后将文本另存为网页格式。

1.5　技巧提升

1．常用的配色软件

把握网页配色是网页制作过程中的重点和难点，好的网页配色具有视觉舒适性，能吸引用户经常访问网页。使用专门的网页配色软件可以方便地创建网页色彩方案。

网页配色的软件较多，常用的软件有玩转颜色和KULER等。另外，某些素材网站也提供网页配色功能，如蓝色理想、模板无忧和千图网等。

2．网站推广

宣传及推广网站有助于提高网站的访问量。网站推广方式主要有以下5种。

- **优化网站，提高搜索引擎自然排名**：为网站设置品牌或行业关键词，对网站代码、内容、链接等进行优化，可以提高网站在搜索引擎中的排名，使网站在搜索结果中优先展示。
- **搜索引擎广告**：如果资金充足，则可以考虑设置搜索引擎广告，根据自己的品牌、行业设置相应的关键字，使自己的网站展示在相应关键字的首页。
- **信息流广告**：在流量较大的平台发布网站广告，如爱奇艺、腾讯视频、火山小视频、抖音、快手等平台。
- **在第三方平台发布网站信息**：在各种第三方平台（如B2B平台、B2C平台、论坛、博客、微博、网络社区、分类信息平台等）发布网站信息，获得一定的流量和知名度。
- **信息群发**：使用邮件群发、QQ群信息、微信营销信息等发送网站信息。

3．命名规则

网站内容的分类决定了站点中文件夹和文件的个数。通常，网站中各个分支的所有文件统一存放在单独的文件夹中，根据网站的大小还可细分。如果把图书室看作一个站点，则每个书架相当于文件夹，书架中的书相当于文件。文件夹和文件的命名最好采用以下4种方式，以便管理和查找。

- **汉语拼音**：根据每个网页的标题或主要内容提取关键字，将关键字的拼音作为文件名，如"学校简介"网页文件名为"jianjie.html"。
- **拼音缩写**：根据每个网页的标题或主要内容，提取每个关键字的拼音首字母作为文件名，如"学校简介"网页文件名为"xxjj.html"。
- **英文缩写**：通常适用于专有名词。
- **英文原意**：直接翻译中文名称，这种方法比较准确。

以上4种命名方式也可结合数字和符号组合使用。但要注意，文件名开头不能使用数字和符号，也最好不要使用中文命名。

第2章
输入与格式化文本

02

情景导入

米拉在了解了网页制作的基础知识后，开始试着制作简单的网页，老洪交给米拉一些简单的制作文字网页的任务。

学习目标

● 掌握"公司简介"网页的制作方法

如新建与保存网页、设置网页属性、输入文本、设置文本字体格式、设置段落格式等。

● 掌握"企业文化"网页的制作方法

如插入特殊文本对象、创建列表、设置水平线、添加滚动字幕等。

案例展示

▲ "企业文化"网页效果

▲ "旅游"网页效果

2.1 课堂案例：制作"公司简介"网页

高清彩图

"公司简介"网页
的参考效果

老洪让米拉利用收集的文本素材制作"千履千寻"公司的"公司简介"网页，这是米拉的第一个正式任务。

要完成此任务，需要先将收集的文本素材复制到网页中，然后通过分段和换行操作设置文本段落，最后设置文本段落的格式。涉及的知识点主要有输入文本、设置文本字体格式，以及设置段落格式等内容。本例完成后的参考效果如图2-1所示。

素材所在位置 素材文件\第2章\课堂案例\gsjj.txt
效果所在位置 效果文件\第2章\gsjj.html

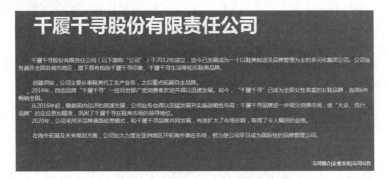

图2-1 "公司简介"网页的参考效果

行业
提示

制作文本类型网页的注意事项

当需要使用大量文本来表现网页内容时，需要事先校对文字内容，避免存在错别字等问题。其次，大段的文字会给用户带来视觉疲劳，因此，由文本构成的网页需要为文本设置凸显层次但又不花哨的格式。

2.1.1 新建与保存网页

微课视频

新建与保存网页

创建站点后就可以新建网页并编辑制作。下面新建名为"gsjj.html"的网页，具体操作如下。

（1）执行【文件】/【新建】菜单命令，打开"新建文档"对话框，可在对话框中选择新建文档的类型，这里保持默认设置，单击 创建(R) 按钮，如图2-2所示。

多学
一招

新建网页的其他方法

在"文件"面板上单击鼠标右键，在弹出的快捷菜单中执行【新建文件】命令；在"文件"面板上单击 按钮，在打开的下拉列表框中选择"文件"/"新建文件"选项；在欢迎界面的"新建"栏中单击"HTML"超链接。

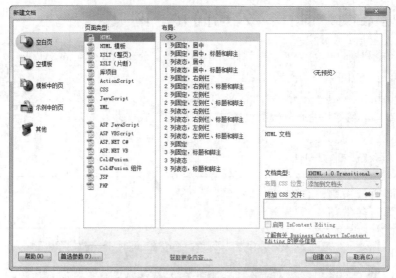

图2-2　"新建文档"对话框

（2）执行【文件】/【保存】菜单命令，在打开的"另存为"对话框中选择"wangye"文
件夹作为保存位置，在"文件名"文本框中
输入"gsjj"，单击 保存(S) 按钮，如图2-3
所示。

 知识
提示

保存网页的其他方法
执行【文件】/【另存为】菜单命
令也可打开"另存为"对话框进行设
置；执行【文件】/【保存全部】菜单
命令可同时保存已打开的所有文档。

图2-3　"另存为"对话框

2.1.2　设置网页属性

创建网页后，可设置网页属性，如设置网页标题和编码、网页背景
颜色和文本字体大小等，使网页更加美观。下面设置"gsjj.html"网页的
相关属性，具体操作如下。

（1）执行【修改】/【页面属性】菜单命令，打开"页面属性"对话
框，在"分类"列表框中选择"外观（CSS）"选项。

（2）在"页面字体"下拉列表框中选择"编辑字体列表"选项，打开
"编辑字体列表"对话框，在"可用字体"列表框中选择"宋体"选项，单击左侧的
"添加"按钮，如图2-4所示。

（3）单击按钮，将"选择的字体"列表框中的字体添加到"字体列表"列表框中，
然后利用相同的方法添加其他几种常用的字体，完成后单击 确定 按钮，如图2-5
所示。

微课视频

设置网页属性

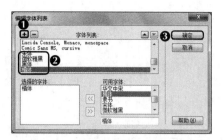

图2-4　添加选择的字体　　　　　图2-5　将字体添加到"字体列表"列表框中

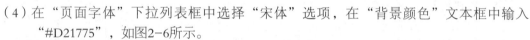

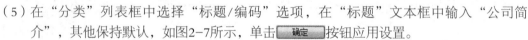

为什么要添加字体到"字体列表"列表框中

知识
提示

"字体列表"列表框中是Dreamweaver默认的字体，想要使用计算机中已安装的其他字体，必须按上述方法将字体添加到"字体列表"列表框中。注意，若在"选择的字体"列表框中选择了多种字体，则单击 ⊞ 按钮添加时会将列表框中的所有字体添加为一个选项。

（4）在"页面字体"下拉列表框中选择"宋体"选项，在"背景颜色"文本框中输入
　　　"#D21775"，如图2-6所示。
（5）在"分类"列表框中选择"标题/编码"选项，在"标题"文本框中输入"公司简
　　　介"，其他保持默认，如图2-7所示，单击 确定 按钮应用设置。

图2-6　设置外观　　　　　　　　图2-7　设置标题

2.1.3　输入文本

文本是组成网页较常见的元素。在Dreamweaver中输入文本的方法有很多种，可以直接输入、导入或复制文本等。输入文本后，还可将文本换行与分段，以及在文本中输入空格等。

1．直接输入文本

直接输入文本只需新建或打开网页，在需要输入文本的位置单击定位插入点，切换到需要的输入法并输入文本，如图2-8所示。

图2-8　直接在网页中输入文本

2．导入文本

导入文本能有效减少输入文本的工作量，在Dreamweaver CS6中可以导入Word和Excel等软件中的文本。可执行【文件】/【导入】菜单命令，在弹出的子菜单中选择需要导入的文本所在的软件，如执行【Word文档】菜单命令，打开"导入Word文档"对话框，选择需要的文件后，单击 打开(O) 按钮，将该文档中的所有文本导入Dreamweaver CS6中，如图2-9所示。

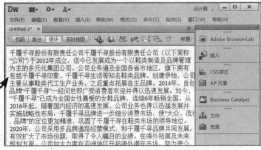

图2-9　导入Word文档中的文本

3．复制文本

复制文本是编辑网页时常用的输入文本的方法，可以将软件或文件中的文本（只要该软件或文件允许复制）复制到Dreamweaver网页文件中，快速完成文本的输入工作。

下面以复制文本文档中的公司简介文本到Dreamweaver中为例，介绍复制文本的方法，具体操作如下。

微课视频

复制文本

（1）打开"gsjj.txt"素材文件，按【Ctrl+A】组合键选择其中所有文本，按【Ctrl+C】组合键复制文本，如图2-10所示。

（2）将插入点定位到"gsjj.html"网页文件中，按【Ctrl+V】组合键粘贴复制的文本，如图2-11所示。

图2-10　选择并复制文本　　　　　　　图2-11　粘贴文本

4．换行与分段

在Dreamweaver中，换行与分段是两个相当重要的概念。可以将文本换行显示，换行后的文本与上一行的文本同属一个段落，并只能应用相同的格式和样式；分段同样将文本换行显示，但换行后会增加一个空白行，且换行后的文本属于另一段落，可应用其他的格式和样式。

微课视频

换行与分段

在Dreamweaver中，按【Shift+Enter】组合键换行，按【Enter】键分段。下面在"gsjj.html"网页中对复制的文本进行换行和分段，具体操作如下。

（1）在"有限责任公司"文本右侧单击定位插入点，按【Enter】键分段，如图2-12所示。

（2）使用相同方法将其余文本分成3段，完成后的效果如图2-13所示。

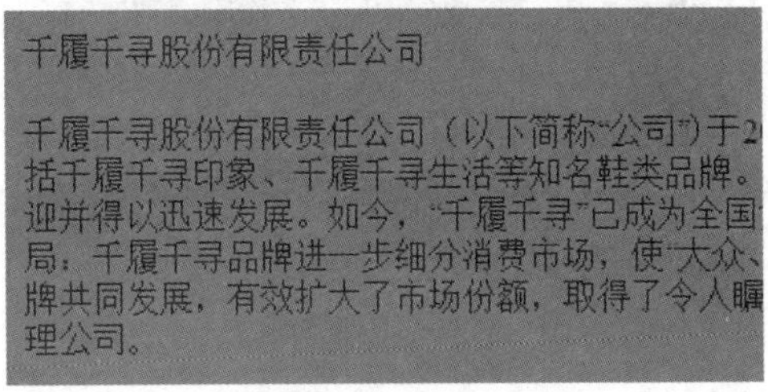

图2-12　文本分段（一）

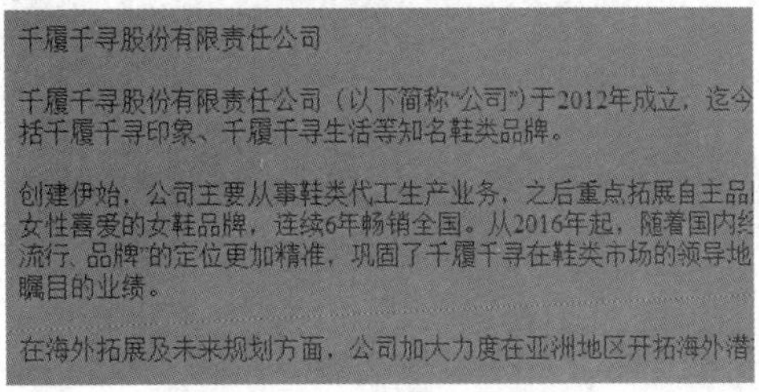

图2-13　文本分段（二）

（3）在第3段文本中的"自主品牌。"文本右侧单击定位插入点，按【Shift+Enter】组合键换行，如图2-14所示。

（4）使用相同方法将该段中的其余文本换行，完成后的效果如图2-15所示。

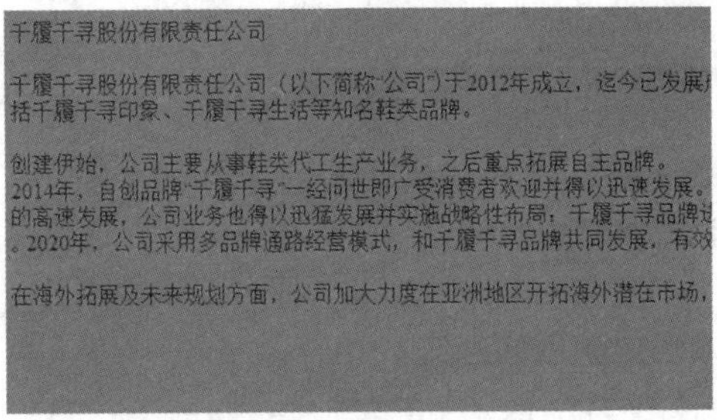

图2-14　文本换行（一）

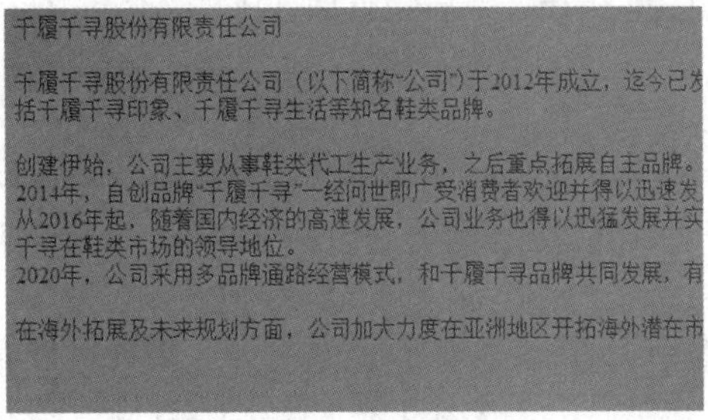

图2-15　文本换行（二）

5．输入空格

在Dreamweaver中按【Space】键可以输入一个空格，但无法连续输入多个空格。若需要连续输入多个空格，则应采用专门的方法来实现。下面为"gsjj.html"网页中的文本添加连续空格，具体操作如下。

微课视频

输入空格

（1）在第二段文本开始处单击定位插入点，按【Ctrl+Shift+Space】组合键插入一个空格，如图2-16所示。

（2）按住【Ctrl+Shift】组合键不放，按7次【Space】键继续插入7个空格，完成后的效果如图2-17所示。

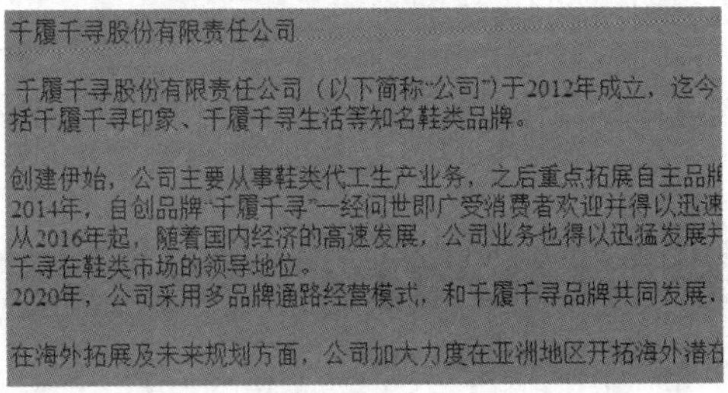

图2-16　插入空格

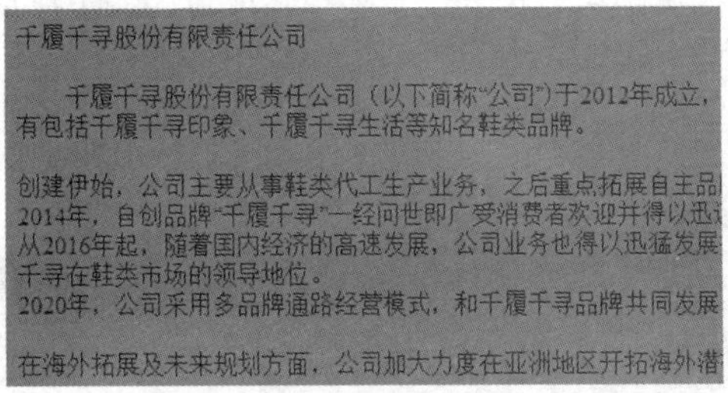

图2-17　插入连续多个空格

（3）选择插入的8个空格，按【Ctrl+C】组合键复制，如图2-18所示。

（4）将复制的空格依次粘贴到下面分段和换行的文本开始处，如图2-19所示。

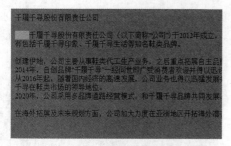

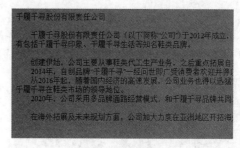

图2-18　复制空格 　　　　　　　　　　　图2-19　粘贴空格

2.1.4　设置文本字体格式

为网页中的文本设置一定的格式，可使网页更美观。本小节将介绍如何在Dreamweaver中设置文本的字体格式。

1．设置HTML字体格式

为网页中的文本设置HTML字体格式：先选择文本，在工作界面下方的"属性"面板中单击<>HTML按钮，然后设置面板中的参数。图2-20所示为HTML字体格式的相关参数。

图2-20　HMTL字体格式的相关参数

> **多学一招**　　　　　　　　**设置HTML字体格式的其他方法**
>
> 　　执行【插入】/【HTML】/【文本对象】/【字体】菜单命令，打开"标签编辑器"对话框，设置所选文本的字体、大小和颜色。

2．设置CSS字体格式

HTML字体格式的设置虽然简单，但可供设置的参数比较有限，因此，设置网页字体格式时多采用CSS字体格式。下面以为"gsjj.html"网页中的文本设置字体格式为例，介绍CSS字体格式的设置方法，具体操作如下。

微课视频

设置 CSS 字体格式

（1）拖动鼠标选择第一段文本，在"属性"面板中单击 CSS 按钮，单击"字体"下拉列表框右侧的下拉按钮，在打开的下拉列表框中选择"思源黑体"选项，如图2-21所示。

（2）打开"新建 CSS 规则"对话框，在"选择器名称"下拉列表框中输入"font01"，单击 确定 按钮，如图2-22所示。

> **知识提示**　　　　　　　**为什么会打开"新建CSS规则"对话框**
>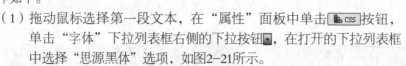
> 　　利用CSS的字体格式第一次设置字体属性时会自动打开"新建CSS规则"对话框，只有在该对话框中为新设置的字体格式命名，才能继续操作。

（3）在"属性"面板中的"大小"下拉列表框中输入"48"，并单击"加粗"按钮**B**，如

图2-23所示。

图2-21 选择字体样式 　　　　　　　　　　　图2-22 选择字体

（4）单击"文本颜色"下拉按钮，在弹出的颜色拾取器中单击"#FFFFFF"色块，如图2-24所示。

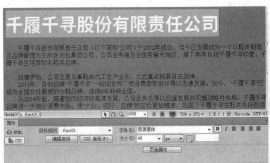

图2-23 设置字号 　　　　　　　　　　　　图2-24 选择颜色

（5）选择第二段文本，在"属性"面板中单击 CSS 按钮，在"大小"下拉列表框中选择"14"选项，如图2-25所示。

（6）打开"新建CSS规则"对话框，将"选择器名称"设置为"font02"，单击 确定 按钮，如图2-26所示。

图2-25 选择字号 　　　　　　　　　　　　图2-26 添加规则

（7）按相同方法将字体颜色设置为"#FFFFFF"，选择第三段文本（包括换行文本），单击 CSS 按钮，在"目标规则"下拉列表框中选择创建的"font02"选项，为所选文本应用该格式，如图2-27所示。

（8）选择最后一段文本，在"属性"面板的"目标规则"下拉列表框中选择"font02"字体格式，如图2-28所示。

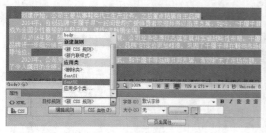

图2-27 应用规则（一）   图2-28 应用规则（二）

2.1.5 设置段落格式

在Dreamweaver CS6中，可调整每段文本的标题格式、文本的对齐方式和文本缩进距离，使网页文本更加清晰并具有层次感，以提高网页的可读性。

1. 设置标题格式

Dreamweaver CS6预设了几种标题格式，若对网页标题文本的字体格式没有特殊要求，则可快速应用预设的标题格式。选择需设置格式的标题文本（也可选择其他文本），单击"属性"面板中的 ⟨ ⟩ HTML 按钮，在"格式"下拉列表框中选择需要的标题格式。图2-29所示为未应用标题格式的效果，图2-30所示为应用"标题1"格式的效果，图2-31所示为应用"标题2"格式的效果。

图2-29 未应用标题格式的效果   图2-30 应用"标题1"格式的效果   图2-31 应用"标题2"格式的效果

2. 设置对齐方式

Dreamweaver中的对齐方式包括左对齐、右对齐、居中对齐和两端对齐等。下面在"gsjj.html"网页中输入文本，然后设置文本对齐方式，具体操作如下。

（1）在文本最后的位置单击定位插入点，按两次【Enter】键分段，如图2-32所示。

（2）单击"属性"面板中的 ⬛ CSS 按钮，在"目标规则"下拉列表框中选择"<删除类>"选项，如图2-33所示。

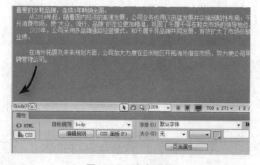 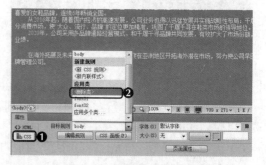

图2-32 文本分段   图2-33 删除应用的格式

（3）输入需要的文本并选择，将字体格式设置为"12、#FFFFFF、加粗"，将新建的CSS规
则命名为"font03"，如图2-34所示。

（4）保持文本的选择状态，单击"右对齐"按钮■，如图2-35所示。

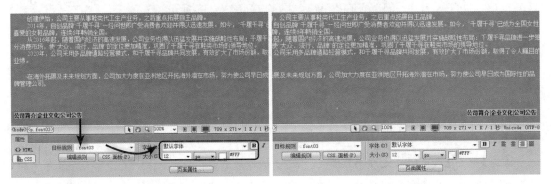

图2-34　输入并设置字体格式　　　　　　　　图2-35　设置对齐方式

3．设置文本缩进

文本缩进是指文本与网页边缘的距离。选择文本或将插入点定位到该文本中，单击"属
性"面板中的 HTML 按钮，然后单击"内缩区块"按钮■可增加缩进距离，如图2-36所示；单
击"删除内缩区块"按钮■可减少缩进距离。

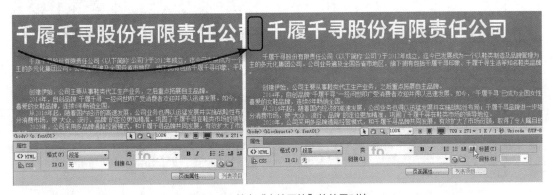

图2-36　单击"内缩区块"的效果对比

2.2　课堂案例：制作"企业文化"网页

"公司简介"网页制作完成后，老洪让米拉继续制作"企业文化"网页，以考查米拉的
学习效果，并让米拉进一步掌握已学的知识。

本案例的重点在于插入特殊文本对象、创建列表、设置水平线，以及添加滚动字幕等效
果，丰富网页内容。本例完成后的参考效果如图2-37所示，下面具体讲解其制作方法。

素材所在位置　素材文件\第2章\课堂案例\qywh.html
效果所在位置　效果文件\第2章\课堂案例\qywh.html

图2-37 "企业文化"网页的参考效果

2.2.1 插入特殊文本对象

网页文本除了具有不同格式，还有可能需要日期、特殊字符等特殊的文本对象。本小节将介绍在Dreamweaver中插入日期和特殊字符等特殊文本对象的方法。

1．插入日期

如果需要输入当前系统中的日期，则可使用插入日期功能快速插入相关文本，避免手动输入导致出错。下面在"qywh.html"网页文本中插入日期，具体操作如下。

微课视频

插入日期

（1）将插入点定位到"公司简介"上一行空行中，在"属性"面板中单击 CSS 按钮，在"目标规则"下拉列表框中选择"<删除类>"选项，如图2-38所示。

（2）输入文本"（更新至）"，为文本应用"font05"规则，如图2-39所示。

图2-38 分段并取消格式

图2-39 输入文本并设置格式

（3）将插入点定位到"（更新至）"文本右侧，执行【插入】/【日期】菜单命令。

（4）打开"插入日期"对话框，在"星期格式"下拉列表框中选择"星期四"选项，在"日期格式"列表框中选择"1974年3月7日"选项，在"时间格式"下拉列表框中选择"22:18"选项，单击 确定 按钮，如图2-40所示。

（5）此时在插入点处快速插入了当前系统中的日期、星期和时间，如图2-41所示。

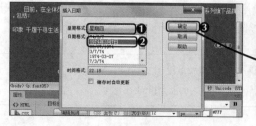

图2-40 设置日期格式

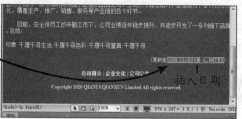

图2-41 插入的日期效果

多学一招

设置自动更新日期

在"插入日期"对话框中单击选中"储存时自动更新"复选框，每次保存网页后，日期将更新为保存时的日期。另外，用户也可根据实际情况手动修改插入网页中的日期。

2. 插入特殊字符

有时网页文本中会使用商标、版权等特殊字符，这类字符无法利用键盘直接输入。Dreamweaver提供了许多特殊字符，用户可选择需要的字符以快速输入。

微课视频

插入特殊字符

下面以在"qywh.html"网页文本中插入商标和版权字符为例，介绍特殊字符的插入方法，具体操作如下。

（1）将插入点定位到标题段落"千履千寻"文本右侧，执行【插入】/【HTML】/【特殊字符】/【商标】菜单命令，如图2-42所示。

（2）此时在插入点处快速插入商标字符，并自动应用商标字符的专用格式，如图2-43所示。

图2-42 选择特殊字符（一）

图2-43 插入的商标字符效果

（3）将插入点定位到最后一行的"2020"文本左侧，执行【插入】/【HTML】/【特殊字符】/【版权】菜单命令，如图2-44所示。

（4）此时在插入点处快速插入版权字符，如图2-45所示。

图2-44 选择特殊字符（二）

图2-45 插入的版权字符效果

知识提示

插入其他的特殊字符

执行【插入】/【HTML】/【特殊字符】菜单命令，在弹出的子菜单中执行【其他字符】菜单命令，可在打开的"插入其他字符"对话框中选择更多的特殊字符。

2.2.2 创建列表

列表是指具有并列关系或先后顺序的若干段落。当网页中需要制作列表时，一般都会为列表添加项目符号或编号，使列表更为专业和美观。

1. 添加项目符号和编号

为段落添加项目符号和编号的方法非常简单，下面在"qywh.html"网页中为品牌段落添加项目符号，具体操作如下。

（1）选择品牌内容所在的段落，单击"属性"面板中的 `<> HTML` 按钮，然后单击"项目列表"按钮 `⬛`，如图2-46所示。

（2）单击 `⬛ CSS` 按钮，为选择的段落应用"font02"格式，在需要分段的位置定位插入点，按【Enter】键分段，将自动在段落前添加项目符号，如图2-47所示。

图2-46 添加项目符号

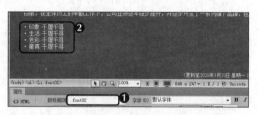

图2-47 设置字体格式并分段

2. 编辑项目符号和编号

无论是项目符号还是编号，只要选择相应的段落，并在"属性"面板中单击 `列表项目…` 按钮，均可打开"列表属性"对话框并设置参数。图2-48所示为"列表属性"对话框中常用参数的作用。

选择类型为项目列表还是编号 ——

设置编号的起始数字 ——

更改项目符号或编号的外观样式

图2-48 "列表属性"对话框

知识提示

删除项目符号或编号

要想删除项目符号或编号，只需选择对应的段落，然后单击"属性"面板中的"项目列表"按钮 `⬛` 或"编号"按钮 `⬛`。

2.2.3 设置水平线

水平线是网页中常见的对象，可以将网页划分为不同区域，让整个网页富有层次感。下面在"qywh.html"网页中插入水平线，具体操作如下。

（1）在"公司公告"文本右侧单击定位插入点，执行【插入】/【HTML】/【水平线】菜单命令，如图2-49所示。

（2）此时在插入点下方插入一条水平线，效果如图2-50所示。

图2-49 插入水平线

图2-50 插入的水平线效果

2.2.4 添加滚动字幕

滚动字幕是一种动态的文本效果，可以丰富网页内容，下面在
"qywh.html"网页中添加滚动字幕，具体操作如下。

微课视频

添加滚动字幕

（1）在"（更新至）"文本左侧单击定位插入点，按【Enter】键
分段，在空行中输入需要滚动的字幕内容文本，并为文本应用
"font02"格式，如图2-51所示。

（2）单击文档工具栏中的 拆分 按钮，在左侧的代码视图中按【Enter】
键，使输入的字幕内容上下方各空出一行，如图2-52所示。

图2-51 输入文本并设置格式

图2-52 设置代码

（3）在上方的空行中输入"<marquee behavior="alternate" scrollamount="10">"，在下方的
空行中输入"</marquee>"，如图2-53所示。

（4）按【Ctrl+S】组合键保存网页，按【F12】键预览效果，预览效果如图2-54所示。

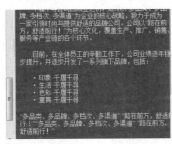

图2-53 输入代码

图2-54 预览效果

知识
提示

认识滚动字幕的参数

滚动字幕的代码中主要涉及两个参数，即"scrollamount"和"behavior"，
前者指滚动速度，后面的数字越大，滚动的速度越快；后者指滚动方式，包括
"alternate"（交替左右滚动）、"scroll"（通屏滚动）和"slide"（滚动到
网页后停止）。

2.3 项目实训

2.3.1 制作"岳阳楼记"网页

微课视频

制作"岳阳楼记"
网页

1．实训目标

本实训需要制作"岳阳楼记"网页。网页设置不能过于花哨，设置为基本的格式便于阅读即可。首先需要输入制作网页所需的文本，然后插入水平线，最后设置文本样式。完成后的网页效果如图2-55所示。

 素材所在位置　素材文件\第2章\项目实训\yylj.html

图2-55　"岳阳楼记"网页效果

2．专业背景

在网页中使用文本时，注意以下3点可以使网页更为专业与合理。

● 尽量使用最少的文本传达最准确的信息，简洁的文本可以让用户不用费力地阅读网页内容。

● 网站中各个网页的文本要体现一致性，使整个网站更加统一、紧凑。例如，返回上一级网页的用词可以统一为"返回"等。

● 网页文本的语气会影响用户的心情，鼓励、引导的文本比警告和强调的文本更受用户青睐。

3．操作思路

完成本实训需要先输入文字，包括网页标题、副标题、正文，然后插入水平线，最后设置网页中的文本样式，大致操作思路如图2-56所示。

【步骤提示】

（1）新建网页并另存为"yylj.html"网页，在网页中输入文本，主要结合文本、空格、不换行分段、水平线、日期进行输入。

（2）选择标题文本，设置标题的格式为"标题1"，对齐方式为"居中对齐"。

（3）选择副标题文本，设置文本的字体为"黑体"，对齐方式为"居中对齐"。

（4）选择所有的正文文本，设置文本的字体为"楷体"。

（5）依次将插入点定位到正文文本段落前，按住【Ctrl+Shift】组合键不放，按两次【Space】键，输入两个空格。

图2-56　制作"岳阳楼记"网页的操作思路

（①输入文本　②设置文本样式）

2.3.2　制作"旅游"网页

1．实训目标

本实训需要制作"旅游"网页，重点是设置文本，让用户能一眼看到网页中的推荐内容，为用户提供丰富的旅游景点资讯。完成后的参考效果如图2-57所示。

素材所在位置　素材文件\第2章\项目实训\踏青旅游\index.html
效果所在位置　效果文件\第2章\项目实训\踏青旅游\index.html

图2-57　"旅游"网页效果

高清彩图
"旅游"网页效果

微课视频
制作"旅游"网页

2．专业背景

现今，越来越多的人以旅游的方式提高生活质量，许多旅游网站应运而生。好的旅游网站不仅搜集了大量的旅游景点资料、图片和线路等实用信息，而且具备搜索、下单和付款等功能，还提供了挑选旅游景点和旅游线路、购买旅游产品等"一条龙"的电子商务服务。

3．操作思路

根据实训目标的要求，首先设置网页属性，然后输入文本并设置文本样式，最后输入项目列表并应用文本样式。本实训的操作思路如图2-58所示。

【步骤提示】

（1）打开"index.html"素材文档，按【Ctrl+I】组合键打开"页面属性"对话框，选择"外观（CSS）"选项，设置"大小"为"12"。

（2）输入"新闻资讯"和对应的文本，设置文本"新闻资讯"的格式为"标题3"，选择"【详情】"文本，设置字体颜色为"#F30"，"目标规则"为"color01"。

（3）在"新闻资讯"对应的文本下方插入水平线和项目符号，设置其中"【详情】"文本的"目标规则"为"color01"，输入剩余的文本，完成网页的制作。

① 设置网页属性

② 设置文本样式

图2-58　制作"旅游"网页的操作思路

2.4　课后练习

　　本章主要介绍了在网页中输入和编辑文本的各种操作，包括输入文本、设置文本字体格式、设置段落格式、插入特殊文本对象、创建列表、设置水平线，以及添加滚动字幕等知识。本章是网页制作的基本内容，只有熟练掌握文本的各种设置方法，才能制作出绚丽多彩的网页效果。下面通过两个练习进一步巩固本章所学内容。

练习1：制作"招聘"网页

　　本练习需要在"招聘"网页中输入文本和其他文本对象，使网页的内容更加丰富、美观。完成后的效果如图2-59所示。

素材所在位置　素材文件\第2章\课后练习\招聘网页\zhaopin.html
效果所在位置　效果文件\第2章\课后练习\招聘网页\zhaopin.html

高清彩图

"招聘"网页效果

微课视频

制作"招聘"网页

图2-59　"招聘"网页效果

要求操作如下。

- 打开"zhaopin.html"素材文件，在网页中输入相关内容，然后分段插入水平线。
- 选择插入的水平线，在"属性"面板中设置"高"为"3"，然后切换到"代码"视图，在水平线的源代码"<hr size="3">"后输入"color="#064DA7""。
- 分段换行，然后输入相应的内容，并新建目标规则，设置字符格式为"黑体、24、#F90"。
- 换行再插入一条水平线，在水平线下方输入相应的文本内容，然后为相关的文本添加项目符号和编号。
- 在网页正文下方再次插入水平线，然后在"版权所有："右侧插入版权符号即可。

练习2：制作"服装"网页

打开服装网页"fuzhuang.html"素材文件，在网页中定义列表，并输入列表内容，然后在网页下方输入网页的信息。完成后的效果如图2-60所示。

素材所在位置　素材文件\第2章\课后练习\fuzhuang\fuzhuang.html
效果所在位置　效果文件\第2章\课后练习\fuzhuang\fuzhuang.html

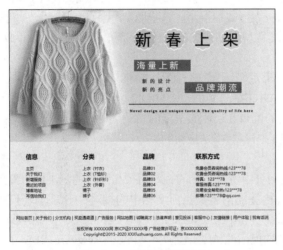

图2-60　"服装"网页效果

要求操作如下。

- 输入标题文本，并设置文本格式为"标题2"。
- 在标题文本下方执行【插入】/【HTML】/【文本对象】/【定义列表】菜单命令，定义列表，并输入列表内容。
- 插入水平线和网页版权信息。在输入特殊字符时，可执行【插入】/【HTML】/【特殊字符】菜单命令，然后选择需要的字符。

2.5　技巧提升

1．网页头部文件设置

网页由head和body两部分组成。body是指浏览器中看到的网页正文部分；head是指一些网页的基本设置和附加信息，不会在浏览器中显示，但是对网页有着至关重要的作用。常用的设置包括Meta、关键字、说明、刷新、基础和链接6个部分。

（1）Meta

"Meta"标签是文件头中起辅助作用的标签，通常用来记录当前网页的相关信息，如为搜索引擎robots定义网页主题、定义用户浏览器上的Cookie、鉴别作者、设定网页格式、标注关键字和内容提要等。执行【插入】/【HTML】/【文件头标签】/【Meta】菜单命令，可打开"META"对话框并进行相关设置。

（2）关键字

"关键字"（keyword）标签是不可见的网页元素，不会显示在浏览器中，也不会对网页的呈现产生任何影响。关键字只是针对搜索引擎（如百度、Chrome）而做的一种技术处理，因为很多搜索引擎装置（通过蜘蛛程序自动浏览Web网页，为搜索引擎收集信息以编入索引的程序）都会读取"关键字"标签中的内容，然后将读取到的"关键字"保存到搜索引擎数据库中并进行索引处理。执行【插入】/【HTML】/【文件头标签】/【关键字】菜单命令，可在打开的"关键字"对话框中输入关键字。

（3）说明

"说明"（description）标签也是不可见的网页元素，是针对搜索引擎而做的一种技术处理，与"关键字"标签的作用类似。大多数情况下，"说明"标签的内容比"关键字"标签的内容复杂一些，"说明"标签主要是简单概括网页或站点的内容，或者简要说明网站主题。

（4）刷新

"刷新"（refresh）标签可以指定浏览器在一定时间后自动刷新。通常在提示URL地址已改变后，"刷新"标签可从一个URL定向到另一个URL。当网页的地址发生变化时，"刷新"标签可使浏览器自动跳转到新的网页；当网页需要时常更新时，"刷新"标签可自动刷新网页，保证用户在浏览器中查看到的内容始终是最新的。

（5）基础

"基础"（base）标签可设置网页中所有文档的相对路径与对应的基础URL地址信息。通常情况下，浏览器会通过"基础"标签的内容把当前文档中的相对URL地址转换成绝对URL地址，如网站的"基础"URL地址为"http：//www.abc***def.com/"，网站中某个网页的相对URL地址为"abouts.html"，则转换后的绝对地址为"http：//www.abc***def.com/abouts.html"。

（6）链接

"链接"（link）标签可以引入网页的外部资源，常用于引入外部CSS样式表文件。在新建CSS样式时，如果选择"新建样式表文件"，则在当前网页中自动添加"链接"标签，并链接至新建的样式表文件。

2．插入更多的特殊字符

Dreamweaver提供的特殊字符是有限的，如果需要输入的特殊字符不在Dreamweaver提供的范围内，则可用中文输入法提供的特殊字符来解决问题。目前流行的中文输入法都拥有大量的特殊字符。以搜狗拼音输入法为例，单击该输入法状态条上的按钮，在打开的列表中选择"特殊符号"选项打开"符号大全"对话框，在该对话框中选择需要插入的特殊字符的类型，单击对应的特殊字符按钮插入字符。

第3章
插入图像和多媒体对象

情景导入

　　米拉完成一些基本的文本网页制作后，发现网页中若只有文本，则显得非常单调，而许多漂亮的网页中都带有大量的图像和多媒体文件，于是米拉向老洪请教添加图像和多媒体对象的方法。

学习目标

● **掌握"关于我们"网页的制作方法**
如插入与编辑图像、美化与优化图像、创建鼠标经过图像等。
● **掌握"新品展台"网页的制作方法**
如添加多媒体插件、添加背景音乐、插入HTML5动画和插入MP4视频等。

案例展示

▲ "关于我们"网页效果

▲ "新品展台"网页效果

3.1 课堂案例：制作"关于我们"网页

老洪告诉米拉，"关于我们"网页的主要作用是让广大客户获得公司的联系方式；网页中不仅需要包含必备的文本内容，还应适当添加一些图像，用以展示公司形象，并辅助显示网页内容，起到宣传公司的作用。

要完成本案例，首先需要将收集的图像插入网页中，并适当进行编辑，让图像更符合网页主题；接着需要插入辅助内容，并进行美化和优化处理；最后制作鼠标经过图像的特殊效果。本例完成后的参考效果如图3-1所示。

高清彩图
"关于我们"网页
的参考效果

素材所在位置 素材文件\第3章\课堂案例\gywm
效果所在位置 效果文件\第3章\课堂案例\gywm\gywm.html

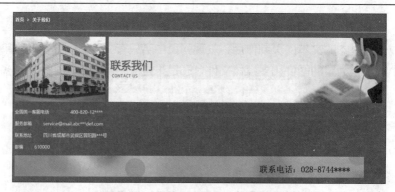

图3-1 "关于我们"网页的参考效果

**行业
提示**

插入网页图像的注意事项

好的设计者应该合理使用各种图像，并灵活运用图像处理技巧。好的网页图像在传达信息和美化页面的同时又不会降低用户的浏览速度。一般来讲，使用图像时首先要注意位置，如网站Logo图像、网站Banner图像，以及网站导航条图像的放置位置等；其次应注重图像的尺寸、清晰度与图像文件大小和下载速度的平衡。掌握以上两点，就能提高设计者使用图像的能力。

3.1.1 插入与编辑图像

图像可以更好地凸显网页内容，是网页最重要的元素之一。Dreamweaver具有强大的图像插入与编辑功能，用户可以方便地制作图像。

1．插入图像

网页支持的图像格式有限，常用的图像格式有JPG、GIF和PNG等。下面以在"gywm.html"网页中插入"factory.jpg"素材图像为例，介绍在Dreamweaver中为网页插入图像的方法，具体操作如下。

（1）打开"gywm.html"网页文件，在"全国统一客服……"文本上一行单击定位插入点，执行【插入】/【图像】菜单命令。

微课视频

插入图像

（2）打开"选择图像源文件"对话框，选择"factory.jpg"素材图像，单击 确定 按钮，如图3-2所示。

（3）打开提示对话框，询问是否将图像复制到文件夹中，以便后期发布时可以找到图像，单击 是(Y) 按钮，如图3-3所示。

图3-2 选择图像　　　　　　　　　　　　　图3-3 将图像复制到文件夹中

（4）打开"图像标签辅助功能属性"对话框，保持系统默认设置，单击 确定 按钮，如图3-4所示。

图像替换文本

在"替换文本"下拉列表框中输入文本后，如果图像无法正常显示，则显示输入的文本内容。

（5）所选图像将插入Dreamweaver中插入点所在的位置，效果如图3-5所示。

图3-4 "图像标签辅助功能属性"对话框　　　　图3-5 插入图像的效果

快速替换图像

插入图像后，在图像上单击鼠标右键，在弹出的快捷菜单中执行【源文件】命令，可快速打开该图像的保存位置，在对话框中可选择其他图像快速替换已插入的图像。

2. 调整图像尺寸

对于插入网页中的图像，其尺寸大小并不一定满足实际需要，因此需要调整图像尺寸。

选择需调整尺寸的图像，拖动图像右边框上的控制点可调整图像的宽度；拖动下边框上的控制点可调整图像的高度；拖动右下角的控制点可同时调整图像的高度和宽度；按住【Shift】键不放并拖动右下角的控制点可等比例调整图像的大小，如图3-6所示。

图3-6　等比例调整图像尺寸

多学
一招

精确控制图像大小

　　选择图像，在"属性"面板的"宽"和"高"文本框中输入数字可精确控制图像大小。若未按比例输入数字，则可能会导致图像变形。

3.1.2　美化与优化图像

　　当网页中呈现出来的图像效果比预期差时，可利用Dreamweaver提供的美化和优化功能进一步处理图像。

1. 调整图像亮度和对比度

　　调整图像的亮度和对比度，可以使图像的效果更加精美。下面在"gywm.html"网页中调整"factory.jpg"图像的亮度和对比度，具体操作如下。

（1）选择网页中的图像，在"属性"面板中单击"亮度和对比度"按钮 ，在打开的提示对话框中单击 确定(O) 按钮，如图3-7所示。

（2）打开"亮度/对比度"对话框，在"亮度"和"对比度"文本框中分别输入"40"和"20"，单击 确定 按钮，如图3-8所示。

微课视频

调整图像亮度和对比度

图3-7　确认设置（一）

图3-8　调整亮度和对比度

2. 锐化图像

　　锐化图像可以提高图像的清晰度，下面锐化"factory.jpg"图像，具体操作如下。

（1）选择网页中的图像，在"属性"面板中单击"锐化"按钮 ，在打开的提示对话框中

单击 确定(0) 按钮，如图3-9所示。

（2）打开"锐化"对话框，在"锐化"文本框中输入"5"，单击 确定 按钮，如图3-10所示。

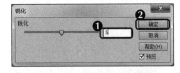

微课视频

锐化图像

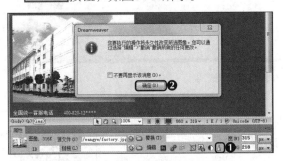

图3-9 确认设置（二）

图3-10 调整锐化程度

3．裁剪图像

有些图像只需要呈现其中的一部分，此时可裁剪图像，使图像在符合要求的同时，还能加快网页的加载速度。下面在"gywm.html"网页中裁剪"zs.jpg"素材图像，具体操作如下。

微课视频

裁剪图像

（1）按住【Ctrl+Shift】组合键，同时按两次【Space】键，在"factory.jpg"图像后插入两个空格，然后插入"zs.jpg"素材图像，如图3-11所示。

（2）选择插入的图像，单击"属性"面板中的"裁剪"按钮，在打开的提示对话框中单击 确定(0) 按钮，如图3-12所示。

图3-11 插入图像

图3-12 确认裁剪

（3）图像上出现裁剪区域，拖动该区域四周的控制点可调整裁剪范围，如图3-13所示。

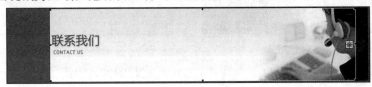

图3-13 调整裁剪范围

（4）按【Enter】键确认裁剪，完成后的效果如图3-14所示。

图3-14　裁剪后的图像效果

4．设置图像效果

设置图像效果是指通过调整图像的品质得到更佳的表现效果和更快的加载速度。下面设置"zs.jpg"素材图像的效果，具体操作如下。

（1）选择网页中的"zs.jpg"素材图像，单击"属性"面板中的"编辑图像设置"按钮 ，打开"图像优化"对话框，在"品质"文本框中输入"86"，如图3-15所示。

（2）单击 确定 按钮完成设置，完成后的效果如图3-16所示。

图3-15　调整图像品质

图3-16　图像优化后的效果

3.1.3　创建鼠标经过图像

鼠标经过图像是指在浏览网页时，将鼠标指针移动到图像上，会立刻显示出另外一张图像的效果，当鼠标指针移出后，图像又恢复为原始图像。下面在"gywm.html"网页中创建鼠标经过图像，具体操作如下。

（1）将插入点定位到网页最后，执行【插入】/【图像对象】/【鼠标经过图像】菜单命令，如图3-17所示。

（2）打开"插入鼠标经过图像"对话框，单击"原始图像"文本框右侧的 浏览… 按钮，如图3-18所示。

图3-17　插入鼠标经过图像

图3-18　浏览图像

（3）打开"原始图像："对话框，选择"d01.jpg"素材图像，单击 确定 按钮，如图3-19所示。

（4）返回"插入鼠标经过图像"对话框，按相同方法将"鼠标经过图像"设置为"d02.jpg"素材图像（配套资源:\素材文件\第3章\课堂案例\gywm\image\d02.jpg），单击 确定 按钮，如图3-20所示。

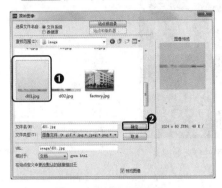

图3-19　选择原始图像

图3-20　设置鼠标经过图像

（5）按【Ctrl+S】组合键保存网页，按【F12】键预览网页效果，此时将鼠标指针移至网页下方的图像上，"d01.jpg"素材图像自动更改为"d02.jpg"素材图像，如图3-21所示。

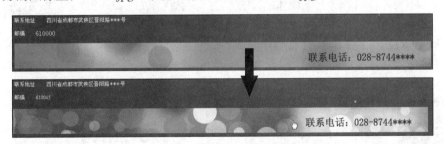

图3-21　鼠标经过图像的效果

知识提示

设置鼠标经过图像的注意事项

首先原始图像和鼠标经过图像的尺寸应尽量保持一致；其次原始图像和鼠标经过图像的内容要有一定的关联。一般可通过更改颜色、字体等方式设置鼠标经过前后的图像效果。

3.2　课堂案例：制作"新品展台"网页

老洪检查了米拉制作的"关于我们"网页后，发现效果不错，要求米拉再制作"新品展台"网页，并在网页中添加多媒体对象，使网页更加生动形象。

米拉首先为网页添加背景音乐，然后插入HTML5动画和MP4视频等对象完善网页内容，使"新品展台"网页能够吸引更多的用户。本案例完成后的参考效果如图3-22所示。

高清彩图

"新品展台"网页的参考效果

素材所在位置　素材文件\第3章\课堂案例\xpzt
效果所在位置　效果文件\第3章\课堂案例\xpzt\xpzt.html

图3-22 "新品展台"网页的参考效果

3.2.1 添加多媒体插件

使用Dreamweaver的媒体插件可以为网页添加各种类型的媒体文件，如音乐和视频等。下面以在"xpzt.html"网页中利用插件添加"bgmusic.mp3"音乐文件为例，介绍添加多媒体插件的方法，具体操作如下。

微课视频
添加多媒体插件

（1）打开"xpzt.html"网页文件，将插入点定位到网页首行空行中，执行【插入】/【媒体】/【插件】菜单命令，如图3-23所示。

（2）打开"选择文件"对话框，选择"bgmusic.mp3"音乐文件，单击 确定 按钮，如图3-24所示。

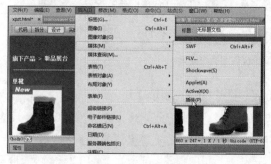

图3-23 插入插件

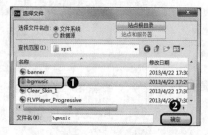

图3-24 选择插件

（3）选择插入音乐文件后创建的图标，在"属性"面板中将宽度和高度分别设置为"300"和"45"，如图3-25所示。

（4）保存并预览网页，此时自动播放插入的音乐，并且可以在插件控制条中设置音乐的播放进度和声音大小等，如图3-26所示。

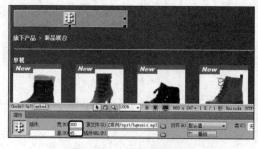

图3-25 设置插件尺寸

图3-26 预览网页

为什么要修改插件的尺寸参数

Dreamweaver默认插入的插件尺寸为32像素×32像素，无法完整显示音乐控制条，因此需要更改插件大小。同样，如果插入的是视频插件，则也应该根据视频界面的大小设置插件尺寸。

3.2.2　添加背景音乐

利用插件插入音乐后，会因为插件的存在而占用一定的网页空间。如果用添加背景音乐的方式在网页中添加音乐，则可在打开网页时自动播放音乐，同时不会占用网页空间。下面在"xpzt.html"网页中添加背景音乐，具体操作如下。

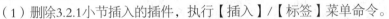

微课视频

添加背景音乐

（1）删除3.2.1小节插入的插件，执行【插入】/【标签】菜单命令。

（2）打开"标签选择器"对话框，在左侧列表框中双击展开"HTML标签"文件夹，在文件夹中双击"页面元素"选项，在展开的目录中选择"浏览器特定"选项，然后双击右侧列表框中的"bgsound"选项，如图3-27所示。

（3）打开"标签编辑器 – bgsound"对话框，单击"源"文本框右侧的 浏览… 按钮，选择背景音乐文件，在"循环"下拉列表框中选择"无限（-1）"选项，如图3-28所示。

图3-27　选择标签

图3-28　设置背景音乐

知识
提示

通过代码快速添加背景音乐

直接在代码视图中输入"<bgsound src="bgmusic.mp3" loop="-1" />"代码，也可为网页添加"bgmusic.mp3"背景音乐，并无限循环播放。

（4）单击 确定 按钮并关闭对话框，返回"标签选择器"对话框，单击 关闭(C) 按钮，保存并预览网页，可听到插入的音乐。

3.2.3　插入HTML5动画

HTML5动画是目前较新的网页动画形式，HTML5动画实际上是一个网页文件，需要使用IFRAME框架插入。下面在"xpzt.html"网页中插入"banner"动画文件，具体操作如下。

微课视频

插入 HTML5 动画

（1）将插入点定位到网页开始处，执行【插入】/【HTML】/【框架】/【IFRAME】菜单命令，插入IFRAME框架，如图3-29所示。

（2）在代码视图中修改<iframe>标签的内容为"<iframe src="banner/index.html" style="width:634px;height:95px;border:0px;">"，如图3-30所示。

图3-29　插入IFRAME框架　　　　　　　　　图3-30　修改<iframe>标签

（3）保存并预览网页，此时显示插入的HTML5动画效果，如图3-31所示。

图3-31　预览HTML5动画

知识提示　　　　　　　**<iframe>标签属性设置**

　　　在<iframe>标签中，"src"用于设置要插入的网页的路径；"style"用于设置框架的样式，其中"width"用于设置框架的宽度，"height"用于设置框架的高度，"border"用于设置框架的边框。

3.2.4　插入MP4视频

微课视频

插入 MP4 视频

　　MP4视频是网页中使用非常广泛的视频格式，具有体积小、加载速度快、清晰度高等优点。除了可以使用插入插件的方式在网页中插入MP4视频外，还可以使用<video>标签插入。下面在"xpzt.html"网页中使用<video>标签插入MP4视频文件，具体操作如下。

（1）将插入点定位到最后一张图片右侧空格的后面，在代码视图中输入　"<video src="xc.mp4" width="200" height="150" loop="loop" autoplay="autoplay">"，如图3-32所示。

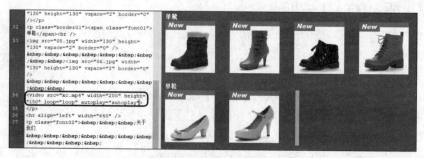

图3-32　插入MP4视频

（2）按【F12】键预览网页效果，此时插入的MP4视频文件自动开始播放，如图3-33所示。

图3-33 预览网页

知识提示

<video>标签属性设置

在<video>标签中，"src"用于设置要插入的视频文件的路径；添加"autoplay"，视频就绪后将立即播放；添加"controls"，将显示播放控制按钮；添加"loop"，将循环播放视频；添加"preload"，将预先加载视频。"width"用于设置视频的宽度；"height"用于设置视频的高度。

3.3 项目实训

3.3.1 制作"旅游导航"网页

1．实训目标

本实训需要制作"快乐旅游"网站的"旅游导航"网页，要求充分利用各种多媒体文件来丰富网页内容。本实训完成后的效果如图3-34所示。

素材所在位置 素材文件\第3章\项目实训\旅游导航
效果所在位置 效果文件\第3章\项目实训\旅游导航\daohang-travel.html

图3-34 "旅游导航"网页效果

微课视频

制作"旅游导航"网页

高清彩图

"旅游导航"网页效果

2．专业背景

网站中的导航网页一般用于内容导航或功能导航。内容导航使用户可以随时浏览网站的其他网页；功能导航可以集中相关功能，让用户在网页中完成主要的互动功能操作。

本实训制作的网页属于功能导航网页，该网页包含住宿查询和用户登录功能，让用户可以方便地预订住宿。

3．操作思路

本实训主要包括插入HTML5动画、插入与编辑图像，以及美化与优化图像等内容，操作思路如图3-35所示。

①插入HTML5动画　　②插入与编辑图像　　③美化与优化图像

图3-35　制作"旅游导航"网页的操作思路

【步骤提示】

（1）打开"daohang-travel.html"网页文件，插入"banner\index.html"HTML5动画。

（2）依次插入"dh.jpg"、"01.jpg"、"02.jpg"和"03.jpg"素材图像，并调整图像尺寸，为图像添加边框。

（3）适当调整"03.jpg"素材图像的对比度、亮度和锐化程度。

（4）适当调整各素材图像的品质，提高图像的加载速度。

3.3.2　制作"科技产品"网页

1．实训目标

本实训需要制作"科技产品"网页，科技类产品的功能和概念比较抽象，设计者在制作这类网页时，通常会采用形象的图片和科技产品的使用方法或制作原理视频来具体展现。因此，可插入HTML5动画、图像、图像占位符来直观地展示网页中的内容，并编辑图像，最后输入文本。完成后的效果如图3-36所示。

图3-36　"科技产品"网页效果

微课视频

制作"科技产品"网页

高清彩图

"科技产品"网页效果

素材所在位置　素材文件\第3章\项目实训\keji
效果所在位置　效果文件\第3章\项目实训\keji\index.html

2．专业背景

目前，图像格式非常多，但能在网页中使用的较少，最常使用的图像格式只有JEPG、GIF、PNG 3种。

（1）JEPG图像格式

● 支持1670万种颜色，可以设置图像质量，图像的文件大小由质量高低决定，质量越高，文件越大，质量越低，文件越小。

● 是一种有损压缩，在压缩处理过程中，图像的某些细节将被忽略，从而使局部变得模糊，但非专业人士一般看不出来。不支持GIF格式的背景透明和交错显示。

（2）GIF图像格式

● 网页上使用较早、应用较广的图像格式，能与所有图像浏览器兼容。

● 是一种无损压缩，在压缩处理过程中不降低图像品质，而是减少显示色，最多支持256种颜色的显示，不适用于有光晕、渐变色彩等颜色细腻的图像。

● 支持背景透明，便于图像更好地融合到其他背景色中。

● 可以存储多张图像，并能动态显示。

（3）PNG图像格式

● 网络专用图像格式，兼具GIF图像格式和JPEG图像格式的优点。

● 是一种无损压缩，压缩技术优于GIF图像格式。

● 支持1670万种颜色，同时包括索引色、灰度、真彩色图像，支持Alpha通道透明。

3．操作思路

完成本练习需要先插入HTML5动画，然后插入图片并进行编辑，最后插入图像占位符，操作思路如图3-37所示。

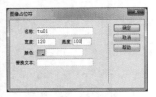

①插入HTML5动画　　②插入图片并进行编辑　　③插入图像占位符

图3-37　制作"科技产品"网页的操作思路

【步骤提示】

（1）打开"index.html"网页文件，在表格第1行中插入"banner\banner.html"素材文件。

（2）在第3行第2列中插入"big.jpg"素材图像，并裁剪和缩放图像，使图像适合网页。

（3）在表格中插入图像占位符，设置图像占位符宽、高分别为"120""100"。然后双击占位符，选择图像源文件，分别插入"01.jpg""02.jpg""03.jpg""04.jpg""05.jpg""06.jpg"图像素材。

（4）输入图像占位符图片对应的文本，完成网页的制作。

3.4　课后练习

本章主要介绍了在网页中插入图像和多媒体对象的操作，包括插入与编辑图像、美化与优化图像、创建鼠标经过图像、添加多媒体插件、添加背景音乐、插入HTML5动画和插入MP4视频等知识。本章内容同样是网页制作的基础，掌握这些对象的插入与编辑方法，有助于制作出形象生动、丰富多变的网页。

练习1：制作"春天在哪里"网页

本练习需要制作"春天在哪里"网页，首先插入HTML5动画，然后插入一个视频文件，将视频文件嵌入网页中。完成后的参考效果如图3-38所示。

素材所在位置　素材文件\第3章\课后练习\spring
效果所在位置　效果文件\第3章\课后练习\spring\index.html

微课视频

制作"春天在哪里"
网页

高清彩图

"春天在哪里"
网页效果

图3-38　"春天在哪里"网页效果

要求操作如下。

● 打开"index.html"网页文件，在网页顶部插入"top/index.html"HTML5动画。
● 将插入点定位到网页中间，使用<video>标签插入"spring.mp4"视频文件。

练习2：美化"服装"网页

本练习需要打开"fuzhuang.html"网页文件，先插入背景音乐，然后插入图像，在导航文本下方通过图像占位符添加图像，再输入文本并设置文字的样式，完成后的参考效果如图3-39所示。

微课视频
美化"服装"网页

高清彩图
"服装"网页效果

图3-39　"服装"网页效果

素材所在位置　素材文件\第3章\课后练习\clothes
效果所在位置　效果文件\第3章\课后练习\clothes\index.html

要求操作如下。

● 打开"index.html"网页文件，用插入标签的方法插入"music.mp3"背景音乐。
● 将插入点定位到导航文本上方，执行【插入】/【图像】菜单命令，插入"top.jpg"素材图像。
● 在网页下方插入图像占位符并添加图像。
● 为每张图片输入对应的文本并设置文字样式。

3.5　技巧提升

网页中常用的音乐文件格式

在网页中可插入多种音乐文件，常见的音乐文件格式有MP3、WAV、AIF、MIDI等。

● **MP3格式：**MP3格式是一种压缩格式，声音品质可以达到CD音质。MP3技术可以对文件进行流式处理，可边收听边下载。要播放MP3文件，必须下载并安装辅助应用程序或插件，如QuickTime、Windows Media Player、RealPlayer等。
● **WAV格式：**WAV格式文件具有较好的声音品质，大多数浏览器支持此类格式文件并且不需要插件。WAV格式文件通常都较大，因此在网页中的应用受到了一定的限制。
● **AIF格式：**与WAV格式类似，AIF格式的音频文件也具有较好的声音品质，大多数浏览器支持AIF格式，并且不需要安装插件。AIF文件可以从CD、磁带、麦克风等渠道获取。此外，AIF格式文件通常也较大。
● **MIDI格式：**大多数浏览器支持MIDI文件，并且不需要插件。MIDI文件不能被录制并且必须使用特殊的硬件和软件在计算机上合成。MIDI文件的声音品质更好，但不同声卡获得的声音效果可能不同。

第4章
在网页中创建超链接

情景导入

　　米拉掌握了制作网页内容的基本方法，但发现制作的网页和互联网上的网页不太一样。老洪告诉米粒，她现在制作的网页只是单个的文件，还没有建立超链接。于是米拉向老洪请教创建超链接的方法。

学习目标

● 掌握"公司地图"网页的制作方法

如认识超链接、创建文本超链接、图像超链接、外部超链接、图像热点超链接等。

● 掌握"给我们留言"网页的制作方法

如创建锚记超链接、电子邮件超链接、文件超链接、空链接，以及设置脚本链接等。

案例展示

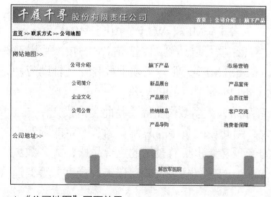

▲ "公司地图"网页效果

▲ "给我们留言"网页效果

4.1 课堂案例：制作"公司地图"网页

　　"公司地图"网页不仅能显示公司的地址，还能展示网站结构。老洪告诉米拉，为了充分发挥"公司地图"网页的作用，需要在网页中添加超链接，使用户能够通过"公司地图"网页浏览网站中的其他网页。

　　完成此任务需要创建文本超链接、图像超链接、外部超链接，以及图像热点超链接。本案例完成后的参考效果如图4-1所示。

素材所在位置　素材文件\第4章\课堂案例\gsdt
效果所在位置　效果文件\第4章\课堂案例\gsdt\gsdt.html

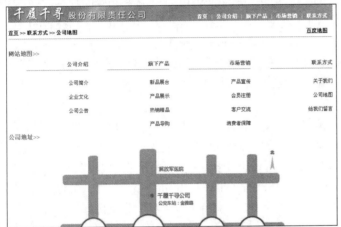

图4-1　"公司地图"网页的参考效果

4.1.1 认识超链接

　　超链接可以将网站中的每个网页关联起来，是制作网站必不可少的元素。

1．超链接的定义

　　超链接更强调一种相互关系，即从一个网页指向一个目标对象的链接关系。这个目标对象可以是一个网页或相同网页中的不同位置，也可以是图像、E-mail地址、文件等。在网页中设置超链接后，单击该超链接可跳转到链接的网页。超链接主要由源端点和目标端点两部分组成，有超链接的一端称为超链接的源端点，当鼠标指针停留在上面时，指针会变为♨形状，如图4-2所示；单击超链接源端点后跳转到的网页所在的地址称为目标端点，即"URL"。

图4-2　超链接

　　URL是Uniform Resource Locator的缩写，表示统一资源定位符。URL定义了一种统一的网络资源寻找方法，网络上的所有资源，如网页、音频、视频、压缩文件等，均可通过URL访问。

　　URL的基本格式为"访问方案://服务器:端口/路径/文件#锚记"，如"http://baike.abc***def.com:80/view/10021486.htm#2"。

- **访问方案**：访问方案是在客户端程序和服务器之间进行通信的协议。访问方案有多种，如Web服务器的访问方案是超文本协议（Hypertext Transfer Protocol，HTTP）。除此以外，还有文件传输协议（File Transfer Protocol，FTP）和邮件传输协议（Simple Mail Transfer Protocol，SMTP）等。
- **服务器**：服务器是指提供资源的主机地址，可以是IP地址或域名，如上例中的"baike.abc***def.com"。
- **端口**：端口是指服务器提供资源服务的端口，一般使用默认端口，HTTP服务的默认端口是"80"，通常可以省略。当服务器提供资源服务的端口不是默认端口时，要加上端口才能访问。
- **路径**：路径是指资源在服务器上的位置，如"http://baike.abc***def.com:80/view/10021486.htm"中的"view"说明访问的资源在该服务器根目录的"view"文件夹中。
- **文件**：文件是具体访问的资源名称，如"http://baike.abc***def.com:80/view/10021486.htm"中访问的是"10021486.htm"网页文件。
- **锚记**：锚记是指HTML文档中的命名锚记，主要用于标记网页的不同位置，是可选内容。打开网页时，窗口将直接显示锚记所在位置的内容。

2．超链接的类型

超链接主要有相对链接、绝对链接、文件链接、空链接、电子邮件链接和锚记链接6种类型。

- **相对链接**：相对链接是较常见的一种超链接，只能链接网站内部的网页或资源，也称内部链接，如"ok.html"链接表示"ok.html"网页和链接所在的网页处于同一个文件夹中；又如"pic/banner.jpg"表明图片"banner.jpg"在创建链接的网页所处文件夹的"pic"文件夹中。一般来讲，网页导航区域中的超链接都是相对链接。
- **绝对链接**：绝对链接与相对链接对应，是一种严格的寻址标准，包含通信方案、服务器地址、服务端口等内容。例如，"http://baike.abc***def.com/img/banner.jpg"，通过该链接可以访问"http://baike.abc***def.com"网站内部"img"文件夹中的"banner.jpg"图片。因此，绝对链接也称外部链接。网页"友情链接"和"合作伙伴"等区域中的超链接就是绝对链接。
- **文件链接**：文件链接是当浏览器访问的资源是不可识别格式的文件时，浏览器会打开下载窗口并提供该文件的下载服务。运用这一原理，设计者可以在网页中创建文件链接，链接到提供给用户下载的文件，用户单击该链接就可以下载文件。
- **空链接**：空链接不具有跳转网页的功能，而是提供调用脚本的功能，空链接的地址统一用"#"表示。为在网页中实现一些自定义的功能或效果，可以在网页中添加脚本，如JavaScript和VBScript，而其中许多功能是与用户互动的，比较常见的是"设为首页"和"收藏本站"等功能，这些功能都需要通过空链接实现。
- **电子邮件链接**：电子邮件链接能够让用户快速创建电子邮件。单击此类链接，可打开系统默认电子邮件软件，还可以预先设置好收件人的邮件地址。
- **锚记链接**：锚记链接用于跳转到指定的网页位置，适用于网页内容超出窗口高度，需使用滚动条辅助浏览的情况。使用锚记链接需插入命名锚记并链接命名锚记。

3．超链接的路径

超链接根据链接路径的不同可分为文档相对路径、绝对链接和站点根目录相对路径等3种类型。

- **文档相对路径**：文档相对路径是本地站点链接中较常用的链接形式。使用相对路径时，不用给出完整的URL地址，可省去URL地址的协议，只保留不同的部分。移动整个文件夹时，相对链接的文件之间的相互关系不发生变化，不会出现链接错误的情况，也就不用更新链接或重新设置链接。

- **绝对链接**：绝对链接给出了链接目标端点完整的URL地址，包括URL地址使用的协议，如"http://mail.abc***def.net/index.html"。绝对链接在网页中主要用作创建站外具有固定地址的链接。

- **站点根目录相对路径**：站点根目录相对路径基于站点根目录，如"/tianshu/xiaoshuo.html"。在同一个站点中，网页的链接可采用这种类型的路径。

4.1.2 创建文本超链接

微课视频

创建文本超链接

文本超链接是网页中使用最多的超链接之一。下面在"gsdt.html"网页中创建"首页"文本超链接，具体操作如下。

（1）打开"gsdt.html"网页文件，选择"首页"文本，单击"属性"面板中的 <> HTML 按钮，然后单击"链接"文本框右侧的"浏览文件"按钮 □，如图4-3所示。

（2）打开"选择文件"对话框，选择"index.html"网页文件，单击 确定 按钮，如图4-4所示。

图4-3 选择文本并浏览文件

图4-4 选择链接的网页

（3）打开提示对话框，单击 是(Y) 按钮，确认将网页文件复制到站点中，如图4-5所示。

（4）完成文本超链接的创建后，"首页"文本的格式将呈现为超链接文本独有的格式，即"蓝色+下划线"的格式，如图4-6所示。保存设置后的网页。

图4-5 确认复制

图4-6 完成超链接的创建

（5）按【F12】键预览网页，单击创建的"首页"文本超链接，如图4-7所示。

（6）此时快速打开"index.html"网页，实现超链接的跳转功能，如图4-8所示。

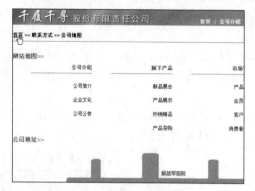

图4-7　单击文本超链接

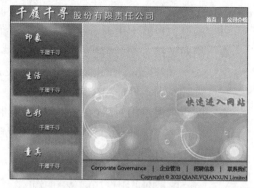

图4-8　打开链接的网页

多学一招

设置链接目标的打开方式

创建超链接时，还可在"属性"面板的"目标"下拉列表框中设置链接目标的打开方式，包括"blank""new""parent""self""top"5种方式。其中"blank"表示在一个新窗口中打开；"new"表示在新建的同一个窗口中打开；"parent"表示如果是嵌套框架，则在父框架中打开；"self"表示在当前窗口或框架中打开，这是默认方式；"top"表示将链接的文档载入整个浏览器窗口，并删除所有框架。

4.1.3　创建图像超链接

微课视频
创建图像超链接

图像超链接也是一种常用的链接类型，创建方法与文本超链接类似。下面在"gsdt.html"网页中创建图像超链接，具体操作如下。

（1）选择网页上方的Banner图像，单击"属性"面板中"链接"文本框右侧的"浏览文件"按钮 🗀，如图4-9所示。

（2）打开"选择文件"对话框，选择"gsjj.html"网页文件，单击 确定 按钮，如图4-10所示。

图4-9　选择图像并浏览文件

图4-10　选择链接的网页

（3）打开提示对话框，单击 是(Y) 按钮，确认将网页文件复制到站点中，如图4-11所示。

（4）完成图像超链接的创建后，Banner图像的"链接"文本框中将显示链接文件的路径，如图4-12所示。保存设置后的网页。

图4-11 确认复制

图4-12 完成超链接的创建

（5）按【F12】键预览网页，单击创建的图像超链接，如图4-13所示。

（6）此时快速打开"gsjj.html"网页，如图4-14所示。

图4-13 单击图像超链接

图4-14 打开链接的网页

4.1.4 创建外部超链接

外部超链接即链接到其他网站的网页中。外部超链接需要完整的URL地址，因此创建时需要输入网页地址。下面在"gsdt.html"网页中创建"百度地图"外部超链接，具体操作如下。

微课视频

创建外部超链接

（1）选择网页右上方的"百度地图"文本，在"属性"面板的"链接"文本框中输入"百度地图"的网址，如图4-15所示。

（2）完成外部超链接的创建后，"百度地图"文本的格式将变为超链接的格式，如图4-16所示，保存设置的网页。

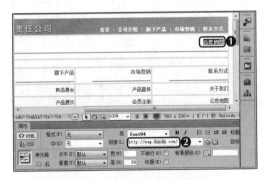

图4-15 选择文本并输入地址

图4-16 完成创建

（3）按【F12】键预览网页，单击创建的外部超链接，如图4-17所示。

（4）此时快速打开"百度地图"网页，效果如图4-18所示。

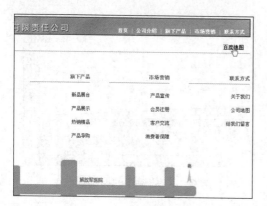
图4-17　单击外部超链接

图4-18　打开对应的网页

多学一招

如何提高外部超链接的正确率

创建外部超链接时，可先访问需要链接的网页，在地址栏中复制网页的地址，并粘贴到Dreamweaver"属性"面板的"链接"文本框中，这样可以提高外部超链接的正确率。

4.1.5　创建图像热点超链接

图像热点超链接是一种非常实用的链接方法，可以将图像中的指定区域设置为超链接对象，单击图像上的不同区域，可跳转到对应的网页。下面在"gsdt.html"网页中使用矩形热点工具创建图像热点超链接，具体操作如下。

微课视频
创建图像热点超链接

（1）选择网页上方的Banner图像，单击"属性"面板中的"矩形热点工具"按钮□，如图4-19所示。
（2）在Banner图像中"首页"区域的位置单击并拖动鼠标绘制热点区域，如图4-20所示。

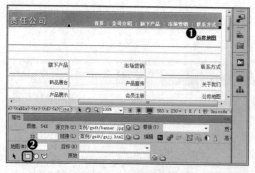
图4-19　选择热点工具

图4-20　绘制热点区域

（3）释放鼠标左键后，单击"属性"面板中"链接"文本框右侧的"浏览文件"按钮□，如图4-21所示。
（4）打开"选择文件"对话框，选择"index.html"网页文件，单击 确定 按钮，如图4-22所示。

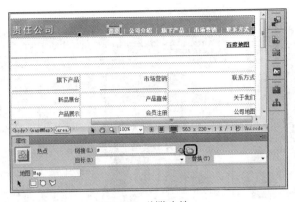

图4-21 浏览文件

图4-22 选择网页文件

（5）按相同方法在Banner图像的其他位置绘制热点区域，并创建图像热点超链接，如图4-23所示。

（6）保存并预览网页，单击Banner图像中的"首页"热点区域，如图4-24所示。

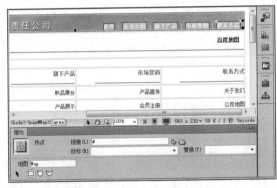

图4-23 创建其他图像热点超链接

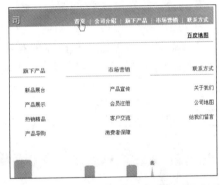

图4-24 单击"首页"热点区域

（7）此时打开链接的"index.html"网页，如图4-25所示。

（8）按【BackSpace】键返回之前的网页，单击"公司介绍"热点区域，如图4-26所示。

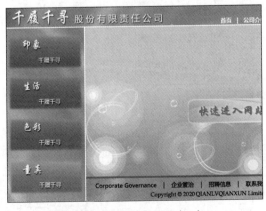

图4-25 打开指定的网页（一）

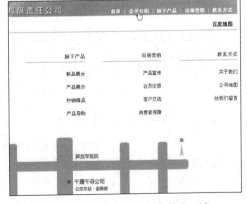

图4-26 单击"公司介绍"热点区域

（9）此时打开链接的"gsjj.html"网页，如图4-27所示。

（10）单击Banner图像中的"旗下产品"热点区域，打开链接的"cpzs.html"网页，如图4-28所示。

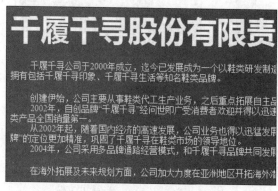

图4-27 打开指定的网页（二）

图4-28 打开指定的网页（三）

4.2 课堂案例：制作"给我们留言"网页

老洪让米拉在"给我们留言"网页中为指定的对象创建超链接，实现快速定位网页位置、启动电子邮件软件、下载资源，以及收藏网页等功能。

米拉通过查阅资料，明白需要利用锚记超链接、电子邮件超链接、文件超链接、空链接，以及脚本链接等多种超链接才能实现。本案例完成后的参考效果如图4-29所示。

素材所在位置 素材文件\第4章\课堂案例\gwmly

效果所在位置 效果文件\第4章\课堂案例\gwmly\gwmly.html

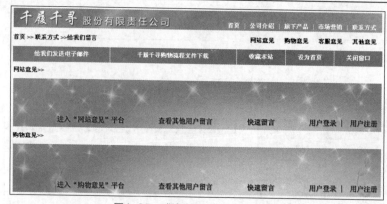

"给我们留言"
网页效果

图4-29 "给我们留言"网页效果

4.2.1 创建锚记超链接

锚记超链接可以实现在同一网页中快速定位，适用于网页内容较多的情况。创建锚记超链接需要插入并命名锚记，然后链接锚记。

1. 命名锚记

命名锚记是为创建的锚记超链接提供对应的锚记依据。下面在"gwmly.html"网页中命名锚记，具体操作如下。

（1）在网页左上角"网站意见>>"文本左侧单击定位插入点，在"插入"面板中选择"常用"选项，并选择"命名锚记"选项，如

命名锚记

图4-30所示。

（2）打开"命名锚记"对话框，在"锚记名称"文本框中输入文本"wangzhan"，单击 确定 按钮，如图4-31所示。

图4-30　定位锚记位置

图4-31　命名锚记（一）

（3）插入点所在位置出现一个船锚标记，表示该位置已创建锚记。

（4）在"购物意见>>"文本左侧单击定位插入点，在"插入"面板中选择"常用"选项，并选择"命名锚记"选项，在打开的"命名锚记"对话框的"锚记名称"文本框中输入文本"gouwu"，单击 确定 按钮，如图4-32所示，在"购物意见>>"文本左侧创建一个锚记。

（5）按照相同方法在"客服意见>>"文本左侧和"其他意见>>"文本左侧创建锚记，并设置"锚记名称"分别为"kefu"和"qita"，如图4-33所示。

图4-32　命名锚记（二）

图4-33　命名其他锚记

命名锚记的注意事项

知识提示

命名锚记时，锚记名称不能是大写英文字母或中文，也不能以数字开头。另外，在预览网页时，创建的锚记图标不会出现在网页中，因此创建锚记时不用考虑锚记图标对网页内容的影响。

2．链接锚记

创建锚记后可为指定的文本创建锚记超链接。下面在"gwmly.html"网页中创建锚记超链接，具体操作如下。

微课视频

链接锚记

（1）选择网页右上方的"网站意见"文本，在"属性"面板的"链接"文本框中输入文本"#wagnzhan"，如图4-34所示。

（2）按【Enter】键确认创建锚记超链接，此时"网站意见"文本应用文本超链接的格式，如图4-35所示。

（3）按相同方法为"购物意见"、"客服意见"和"其他意见"文本创建对应名称的锚记超链接，完成后的效果如图4-36所示。

（4）保存并预览网页，单击"客服意见"锚记超链接，如图4-37所示。

（5）此时快速定位到当前网页中的"客服意见>>"内容区域，如图4-38所示。

（6）若单击"购物意见"锚记超链接，则将快速定位到当前网页中的"购物意见>>"内容区域，如图4-39所示。

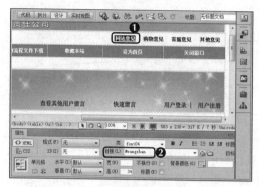

图4-34　输入链接地址

图4-35　创建锚记超链接

图4-36　创建其他锚记超链接

图4-37　单击锚记超链接

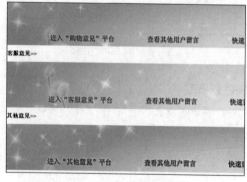

图4-38　跳转到锚记位置（一）

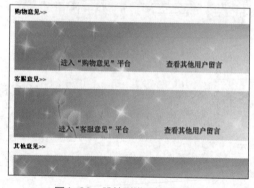

图4-39　跳转到锚记位置（二）

4.2.2　创建电子邮件超链接

在网页中创建电子邮件超链接，可以方便用户利用电子邮件给网站发送相关邮件。下面在"gwmly.html"网页中创建电子邮件超链接，并介绍创建电子邮件超链接的方法，具体操作如下。

（1）选择网页上方的"给我们发送电子邮件"文本，在"属性"面板的"链接"文本框中输入文本"mailto:"加电子邮件地址，如图4-40所示。

（2）按【Enter】键，保存并预览网页，单击"给我们发送电子邮件"超链接，如图4-41所示，此时启动Outlook电子邮件软件（计算机上需安装此软件），用户可以输入邮件内容并发送邮件。

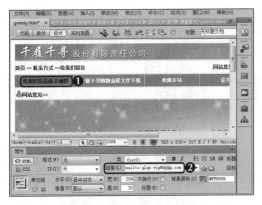

图4-40 创建电子邮件超链接　　　　　　　图4-41 单击电子邮件超链接

多学一招

通过对话框创建电子邮件超链接

　　选择"插入"面板的"常用"选项，选择"电子邮件链接"选项，打开"电子邮件链接"对话框，在"文本"文本框中输入链接的文本内容，在"电子邮件"文本框中输入邮件地址，单击 确定 按钮，在当前插入点处为"文本"文本框中的文本创建电子邮件超链接，如图4-42所示。需要注意的是，在"电子邮件"文本框中无须输入文本"mailto:"，但在"属性"面板的"链接"文本框中输入电子邮件地址时，必须输入文本"mailto:"。

图4-42 利用对话框创建电子邮件超链接

4.2.3 创建文件超链接

　　文件超链接可以实现网页资源的下载功能。下面在"gwmly.html"网页中创建文件超链接，具体操作如下。

微课视频
创建文件超链接

（1）选择网页上方"千履千寻购物流程文件下载"文本，在"属性"面板中单击"链接"文本框右侧的"浏览文件"按钮 ，如图4-43所示。

（2）打开"选择文件"对话框，选择"gwmly"文件夹中的"购物流程.rar"素材文件，单击 确定 按钮，如图4-44所示。

（3）打开提示对话框，单击 是(Y) 按钮，如图4-45所示。

（4）保存并预览网页，单击"千履千寻购物流程文件下载"文件超链接，如图4-46所示。

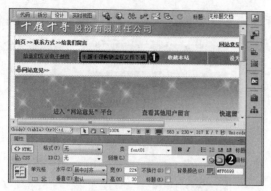

图4-43 选择文本对象并浏览文件

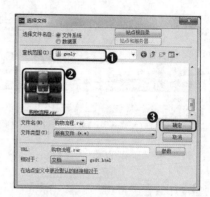

图4-44 选择下载的资源

图4-45 确认复制

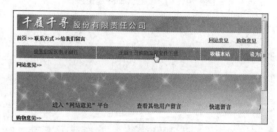

图4-46 单击文件超链接

（5）打开"文件下载"对话框，单击 保存(S) 按钮，如图4-47所示。

（6）打开"另存为"对话框，设置文件的保存位置和文件名，单击 保存(S) 按钮，将文件从网
站保存到计算机中，如图4-48所示。

图4-47 下载文件

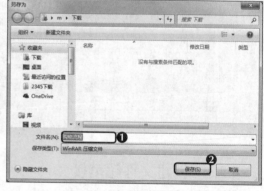

图4-48 保存文件

4.2.4 创建空链接

空链接不产生任何跳转效果，一般为了统一网页外观，设计者会为
网页中的文本或图像添加空链接。下面以在"gwmly.html"网页中创建
空链接为例，介绍空链接的创建方法，具体操作如下。

（1）选择网页上方的"设为首页"文本，在"属性"面板的"链接"
文本框中输入文本"#"，如图4-49所示。

（2）按【Enter】键创建空链接。保存网页设置并预览网页，单击"设为首页"超链接，发
现当前网页没有发生任何改变，如图4-50所示。

图4-49 添加空链接   图4-50 单击空链接

4.2.5 设置脚本链接

脚本链接的设置较为复杂，但可以实现许多功能，让网页具有更强的互动效果。常用的设置脚本链接的方法包括"收藏本站""关闭窗口""设为首页"等3种。

1. 设置"收藏本站"脚本链接

设置"收藏本站"脚本链接并单击该超链接，可打开"添加到收藏夹"对话框，将指定网页添加到浏览器的收藏夹中，从而实现快速从浏览器的收藏夹中访问网页。下面在"gwmly.html"网页中设置"收藏本站"脚本链接，具体操作如下。

微课视频

设置"收藏本站"脚本链接

（1）选择网页上方的"收藏本站"文本，在"属性"面板的"链接"文本框中输入文本"javascript:window.external.addFavorite('http://www.q***x.net','千履千寻')"，如图4-51所示，文本前半部分的内容是固定的，后半部分括号中的前一个对象是将要收藏的网页的网址，后一个对象是该网页在收藏夹中显示的名称。

（2）按【Enter】键创建脚本链接。保存网页设置并预览网页，单击"收藏本站"脚本链接，如图4-52所示。

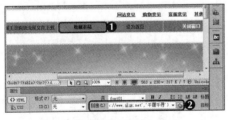

图4-51 设置脚本链接（一）   图4-52 单击脚本链接（一）

（3）打开"添加收藏"对话框，保持默认设置，直接单击 添加(A) 按钮，如图4-53所示。

（4）在IE浏览器的菜单栏上选择【收藏夹】菜单项，在打开的下拉列表框中可看到收藏的"千履千寻"网页名称，如图4-54所示。

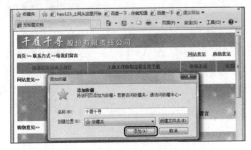

图4-53 添加到收藏夹   图4-54 查看收藏夹

2．设置"关闭窗口"脚本链接

设置"关闭窗口"脚本链接并单击该超链接，将提示是否关闭当前访问网页的窗口。下面在"gwmly.html"网页中设置"关闭窗口"脚本链接，具体操作如下。

（1）选择网页右上方的"关闭窗口"文本，在"属性"面板的"链接"文本框中输入文本"javascript:window.close()"，如图4-55所示。

（2）按【Enter】键创建脚本链接。保存网页设置并预览网页，单击"关闭窗口"脚本链接，如图4-56所示。

微课视频

设置"关闭窗口"
脚本链接

图4-55　设置脚本链接（二）

图4-56　单击脚本链接（二）

（3）打开Windows提示对话框，提示是否关闭当前正在访问网页的窗口，单击 是(Y) 按钮，如图4-57所示。

（4）在IE浏览器中将关闭该网页窗口，并显示其他未关闭的网页内容，如图4-58所示。

图4-57　提示是否关闭

图4-58　显示未关闭的网页

3．设置"设为首页"脚本链接

设置"设为首页"脚本链接可以将当前网页设置为主页，打开浏览器后将自动访问该网页。下面在"gwmly.html"网页中设置"设为首页"脚本链接，具体操作如下。

微课视频

设置"设为首页"
脚本链接

（1）选择网页上方的"设为首页"文本，单击工具栏中的 代码 按钮。

（2）找到"设为首页"文本左侧的空链接代码""#""，在该代码右侧单击定位插入点，然后输入空格，如图4-59所示。

（3）输入"设为首页"脚本链接的脚本代码"onClick="this.style.behavior='url(#default#homepage)';this.setHomePage('http://www.q***x.net/')""，如图4-60所示。

图4-59 输入空格

图4-60 输入脚本代码

知识
提示

为什么在代码中输入空格后会打开下拉列表框

Dreamweaver自带代码提示功能，当设计者在"代码"视图中输入空格时，将自动打开代码提示下拉列表框，在下拉列表框中可选择代码，提高代码的输入速度和正确率。

（4）保存网页设置并预览网页，单击"设为首页"脚本链接，如图4-61所示。

（5）打开"添加或更改主页"对话框，单击选中"将此网页用作唯一主页"单选按钮，单击 是(Y) 按钮，如图4-62所示。

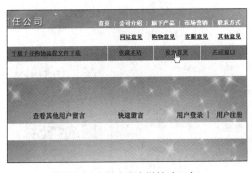

图4-61 单击脚本链接（三）

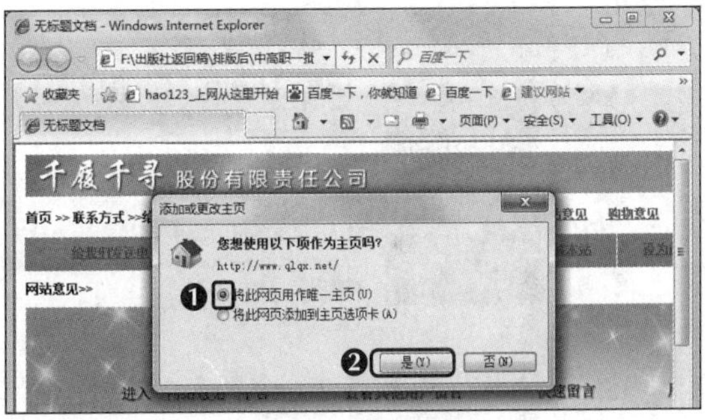

图4-62 设置主页

（6）设置主页后，在浏览器中执行【工具】/【Internet选项】菜单命令，如图4-63所示。

（7）打开"Internet选项"对话框，在"常规"选项卡的"主页"栏中查看浏览器的主页地址，如图4-64所示。

图4-63 选择浏览器选项

图4-64 查看主页地址

4.3 项目实训

4.3.1 制作"精品线路"网页

1．实训目标

本实训需要制作"精品线路"网页，要求在提供的网页中添加各种超链接来实现网页之间的关联。其中，要求在网页上方的Banner图像、导航路径，以及网页下方的功能区中均添加超链接。本实训的重点在于练习创建超链接，完成后的效果如图4-65所示。

素材所在位置 素材文件\第4章\项目实训\jpxl
效果所在位置 效果文件\第4章\项目实训\jpxl\jpxl-travel.html

图4-65 "精品线路"网页效果

2．专业背景

"精品线路"网页在整个旅游类网站中具有画龙点睛的作用。"精品线路"网页统计并归纳了所有用户访问、下单次数较多的旅游线路，为后续用户提供实时、有用的信息。一方面可以方便用户在短时间内找到热门、满意的旅游线路，另一方面也进一步推广了旅游方案和整个网站。

3．操作思路

本实训主要包括创建文本超链接、创建图像热点超链接、创建电子邮件超链接和脚本链接等操作，操作思路如图4-66所示。

【步骤提示】

（1）打开"jpxl-travel.html"网页文件，为上方导航路径上的"首页"和"景点介绍"文本创建文本超链接。

①创建文本超链接　　　　②创建图像热点超链接　　　③创建电子邮件超链接和脚本链接

图4-66　制作"精品线路"网页的操作思路

（2）选择网页顶端的图像，用矩形热点工具为"首页"和"景点介绍"文本区域创建图像热点超链接。

（3）选择网页下方的"联系我们"文本，使用直接输入的方式创建电子邮件超链接，邮箱地址为"hap****avel@sina.com"。

（4）选择网页下方的"收藏本站"文本，输入脚本代码创建脚本链接，网址为"www.hap****avel.net"，收藏时的名称为"快乐旅游网"。

（5）选择网页下方的"关闭窗口"文本，输入脚本代码创建脚本链接。

4.3.2　制作"产品介绍"网页

1．实训目标

本实训需要制作"产品介绍"网页，为"tea.html"网页文档中的文本、图片创建超链接。完成后的效果如图4-67所示。

微课视频
制作"产品介绍"网页

素材所在位置　素材文件\第4章\项目实训\tea\tea.html
效果所在位置　效果文件\第4章\项目实训\tea\tea.html

图4-67　"产品介绍"网页效果

高清彩图
"产品介绍"网页效果

2．专业背景

制作本实训的文本超链接时，同样可以为文本创建热点超链接。但在实际工作中，网页使用热点超链接的情况比较少，首先，在绘制热点超链接的区域时不容易得到精确的热点区域。其次，当网页中使用AP Div布局文本或图片内容，且有部分重叠时，热点超链接不易被选中。因此，本实训采用文本超链接。

3．操作思路

完成本实训需要为网页中的图片和文本添加超链接，操作思路如图4-68所示。

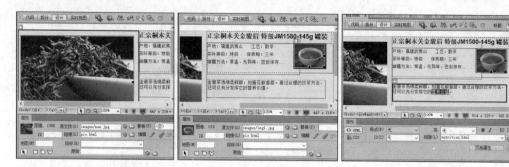

| ①创建图像超链接 | ②创建文本超链接1 | ③创建文本超链接2 |

图4-68　制作"产品介绍"网页的操作思路

【步骤提示】

（1）打开"tea.html"网页文件，选择网页左侧的图像文件，在"属性"面板中的"链接"
文本框中输入文本"pic.html"，然后为右侧的图片设置相同的链接文件。

（2）选择网页右侧的图像文件，在"属性"面板中的"链接"文本框中输入文本"pic.
html"，然后为右侧的图片设置相同的链接文件。

（3）选择"营养价值"文本，在"属性"面板中的"链接"文本框中输入文本"nutrition.
html"，完成后保存网页并预览效果。

4.4　课后练习

本章主要介绍了在网页中创建各种超链接的方法，包括创建文本超链接、创建图像超链
接、创建外部超链接、创建图像热点超链接、创建锚记超链接、创建电子邮件超链接、创建文
件超链接、创建空链接和设置脚本链接等知识。本章内容是制作网页的基础，设计者应认真学
习和掌握，并将知识灵活运用到各种网页的制作中。

微课视频

练习1：制作"订单"网页

本练习需要制作"订单"网页，主要包括创建文本、图像、电子邮
件、空链接等超链接，并通过网页属性设置来设置超链接的属性。完成
后的参考效果如图4-69所示。

制作"订单"网页

素材所在位置　素材文件\第4章\课后练习\order
效果所在位置　效果文件\第4章\课后练习\order\order.html

高清彩图

"订单"网页效果

图4-69　"订单"网页效果

要求操作如下。

● 打开"order.html"网页文件，设置"所有订单"文本的链接为"order.html"，设置"待付款""待发货""待收货""待评价"文本的链接为"#"。

● 选择第一条订单中的图像，设置链接为"pro1.html"，选择图像右侧的文本，设置链接为"pro1.html"。

● 将插入点定位到"联系我们"文本后，执行【插入】/【电子邮件】菜单命令，打开"电子邮件链接"对话框，在对话框中设置电子邮件超链接。

● 选择第一条订单中的"订单详情"文本，设置链接为"info1.html"。

● 使用相同的方法，将第二条订单的图像及其右侧文本的链接设置为"pro2.html"，并设置电子邮件超链接，然后设置"订单详情"的链接为"info2.html"。

● 单击"属性"面板中的 页面属性... 按钮，在打开的对话框中设置"链接（CSS）"属性，设置"链接颜色"为"#F60"，"下划线样式"为"仅在变换图像时显示下划线"。

练习2：制作"个人主页"网页

本练习要制作"个人主页"网页，要求在网页中添加文本、HTML5动画和图像，然后为文本设置超链接，完成后的参考效果如图4-70所示。

素材所在位置 素材文件\第4章\课后练习\myhome\index.html
效果所在位置 效果文件\第4章\课后练习\myhome\index.html

图4-70 "个人主页"网页效果

要求操作如下。

● 打开"index.html"网页文件，在网页中添加相关文本和多媒体对象，以丰富网页内容。

● 在导航栏中为相应的文本设置超链接。

4.5　技巧提升

1．检查超链接

网站中的网页和超链接较多，在创建超链接时难免会出现创建错误的情况。为了有效解决这一问题，设计者可以使用Dreamweaver中的"链接检查器"功能检查所有网页的超链接情况，以便及时排查错误的链接和断掉的链接。其方法为：执行【窗口】/【结果】/【链接检查器】菜单命令，在打开的"链接检查器"面板的列表框中选择需要检查的对象，单击左侧的"检查链接"按钮 ，在弹出的快捷菜单中选择检查范围，开始检查超链接的情况。若检查出错误链接，则直接修改。

2．在站点范围内更改链接

当需要修改包含链接的网页时，可手动更改所有链接，以指向其他位置。其方法为：在"文件"面板中选择需要更改的网页，执行【站点】/【改变站点范围的链接】菜单命令，打开"更改整个站点链接"对话框，在"变成新链接"文本框中输入需要更改的链接，单击 确定 按钮。

3．设置自动更新链接

用户可设置网页自动更新链接，当网页发生变动时，提示用户更新链接。其方法为：执行【编辑】/【首选参数】菜单命令，打开"首选参数"对话框，在左侧的"分类"列表框中选择"常规"选项，在右侧的"移动文件时更新链接"下拉列表框中选择"总是"选项，可自动更新指向该文档的所有链接。

4．修改超链接的显示方式

Dreamweaver中默认的超链接样式是蓝色文字加下划线。但实际制作的网页风格可能与默认的超链接样式不协调，此时可根据需要更改超链接样式。其方法为：执行【修改】/【页面属性】菜单命令，或单击"属性"面板中的 页面属性... 按钮，打开"页面属性"对话框，在左侧的"分类"列表框中选择"链接（CSS）"选项，在右侧设置超链接样式。各选项的作用介绍如下。

- **链接字体**：设置创建为超链接后的文本字体样式，并可利用右侧的 **B** 和 *I* 按钮加粗或倾斜字体。
- **大小**：设置创建为超链接后的文本字体大小，可直接输入数字，也可在下拉列表框中选择。
- **链接颜色**：设置创建为超链接后的文本颜色。
- **变换图像链接**：设置当鼠标指针移到超链接上时文本显示的颜色。
- **已访问链接**：设置已经访问过（即单击过）的超链接文本的颜色。
- **活动链接**：设置当鼠标指针在超链接文本上单击时文本显示的颜色。
- **下划线样式**：设置超链接文本的下划线样式，在该下拉列表框中共有4个选项，其中"始终有下划线"选项表示无论哪种情况都显示下划线；"始终无下划线"选项表示无论哪种情况都不显示下划线；"仅在变换图像时显示下划线"选项表示只有当鼠标指针移到超链接上时，超链接文本下方才会显示下划线；"变化图像时隐藏下划线"选项表示只有单击超链接文本时，超链接文本下方才不会显示下划线。

第5章
布局网页版面

情景导入

经过一个月的学习，米拉已掌握了网页制作的基本操作，并能够制作一些简单的网页。米拉打算向老洪学习布局复杂网页的相关知识，并尝试采用不同的方法来布局网页。

学习目标

● 掌握使用表格布局"产品展示"网页的方法

如创建表格、调整表格结构、设置表格和单元格属性、在表格中插入内容等。

● 掌握使用AP Div制作"千履千寻"网站首页的方法

如创建、选择、设置、移动、对齐AP Div和更改AP Div堆叠顺序，以及在AP Div中插入各种元素等。

● 掌握使用框架制作"公司公告"网页的方法

如了解框架和框架集，创建、保存框架集与框架，删除框架，设置框架集与框架属性，制作框架网页等。

案例展示

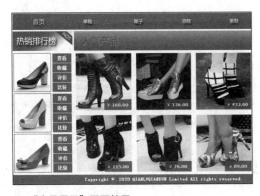

▲ "产品展示"网页效果

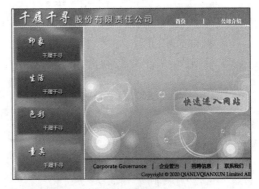

▲ "千履千寻"网站首页效果

5.1　课堂案例：使用表格布局"产品展示"网页

　　老洪告诉米拉，使用表格布局网页是较为简单的布局方法，接下来学习使用表格布局"产品展示"网页。

　　用于产品展示的网页通常包含大量的产品信息，若不布局网页，则会导致网页的最终效果很凌乱。因此，可使用表格布局网页，让需要展示的产品在表格中依次排列显示。要完成本案例，需要创建表格并调整表格结构，规划表格的整体结构，然后设置表格和单元格属性。本案例完成后的参考效果如图5-1所示。

素材所在位置　素材文件\第5章\课堂案例\cpzs
效果所在位置　效果文件\第5章\课堂案例\cpzs.html

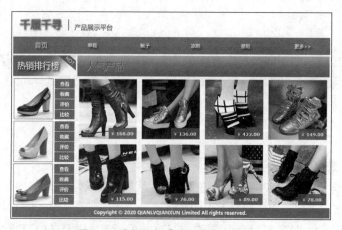

图5-1　"产品展示"网页的参考效果

高清彩图

"产品展示"网页
的参考效果

微课视频

创建表格

5.1.1　创建表格

　　创建表格是指在网页中插入普通表格和嵌套表格，其中嵌套表格是指在表格的某个单元格中插入表格。下面在"cpzs.html"网页中插入表格和嵌套表格，具体操作如下。

（1）打开"cpzs.html"网页文件，执行【插入】/【表格】菜单命令。

（2）打开"表格"对话框，设置表格"行数"和"列数"分别为"4"和"2"，设置"表格宽度"为"800像素"，设置"单元格边距"和"单元格间距"均为"1"，单击 确定 按钮，如图5-2所示。

（3）选择插入的表格，在"属性"面板的"对齐"下拉列表框中选择"居中对齐"选项，如图5-3所示。

（4）单击表格第1列第3行的单元格，将插入点定位到其中，再次执行【插入】/【表格】菜单命令。

（5）打开"表格"对话框，设置表格"行数"和"列数"分别为"3"和"2"，设置"表格宽度"为"100 百分比"，设置"单元格边距"和"单元格间距"均为"1"，单击 确定 按钮，如图5-4所示。

（6）此时在4×2的表格中便嵌套了一个3×2的表格，如图5-5所示。

图5-2　设置表格参数

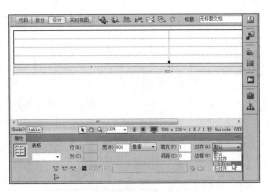

图5-3　设置表格对齐方式

图5-4　设置表格参数

图5-5　嵌套的表格

5.1.2　调整表格结构

调整表格结构主要是指在表格内合并与拆分单元格、调整表格的行高与列宽，以及插入与删除行和列等操作。

1．选择表格和单元格

选择表格和单元格是调整表格结构的前提，在Dreamweaver中主要有以下5种选择表格和单元格的方法。

- **选择整个表格**：移动鼠标指针到表格边框线上，当表格边框的颜色变为红色且鼠标指针变为形状时，单击可选择整个表格，如图5-6所示。

图5-6　选择整个表格

- **选择单个单元格**：移动鼠标指针到要选择的单元格上，单击选择该单元格，如图5-7所示。
- **选择多个单元格**：按住【Ctrl】键不放，依次单击需要选择的单元格，可同时选择不连续的多个单元格，如图5-8所示。

图5-7　选择单个单元格

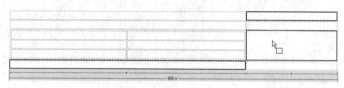

图5-8　选择多个单元格

● **选择整行**：移动鼠标指针到表格某行的左侧，当鼠标指针变为➡形状且该行边框的颜色变为红色时，单击选择该行，如图5-9所示。

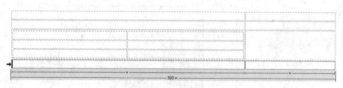

图5-9　选择整行

● **选择整列**：移动鼠标指针到表格某列的上方，当鼠标指针变为⬇形状且该列边框的颜色变为红色时，单击选择该列，如图5-10所示。

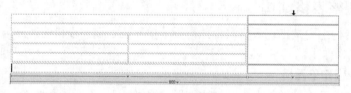

图5-10　选择整列

2．合并与拆分单元格

合并单元格是指将多个相邻的单元格合并为一个单元格，拆分单元格是将一个单元格拆分为若干行或若干列。合并与拆分表格中的单元格，可以自主调整表格的布局结构。下面在"cpzs.html"网页中合并与拆分单元格，具体操作如下。

（1）单击第1行第1列单元格，按住鼠标左键并拖动鼠标，选择表格第1行中的两个单元格，在"属性"面板中单击"合并所选单元格"按钮▣，如图5-11所示。

（2）此时所选的两个单元格合并成一个单元格，继续选择表格最后一行中的两个单元格，再次单击"合并所选单元格"按钮▣。

（3）选择嵌套表格中第1行第2列的单元格，单击"属性"面板中的"拆分单元格为行或列"按钮⚏。

（4）打开"拆分单元格"对话框，单击选中"行"单选按钮，将行数设置为"4"，单击 确定 按钮，如图5-12所示。

图5-11　合并单元格

图5-12　设置拆分行数

（5）此时所选单元格拆分为4行1列的单元格，如图5-13所示。

（6）按照相同方法将嵌套表格第2列的其余两个单元格也拆分成4行1列的单元格，效果如图5-14所示。

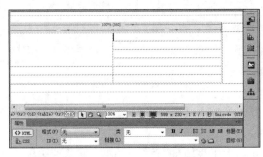

图5-13　拆分单元格后的效果

图5-14　拆分其他单元格

3. 调整表格的行高和列宽

为了更好地在表格中显示内容，一般需要调整表格的行高和列宽。在Dreamweaver中可通过拖动行、列线或输入行高与列宽的具体数值等方法调整表格的行高与列宽。下面在"cpzs.html"网页中调整表格行高和列宽，具体操作如下。

微课视频

调整表格的行高和列宽

（1）移动鼠标指针至嵌套表格右侧列线上，当鼠标指针变为 ↔ 形状时，按住鼠标左键并向左拖动鼠标，此时表格下方同步显示当前列的列宽数值。拖动列宽为"162"时，释放鼠标左键，如图5-15所示。

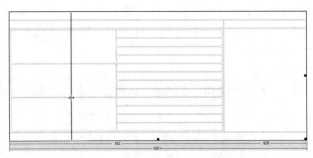

图5-15　向左拖动列线以调整列宽

（2）按相同方法拖动嵌套表格中间的列线，使第1列的列宽为"99"，如图5-16所示。

（3）选择表格最后一行单元格，在"属性"面板的"高"文本框中输入"23"，按【Enter】
键调整该行行高，如图5-17所示。

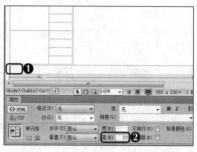

图5-16　向右拖动列线以调整列宽　　　　　　图5-17　直接输入行高数值

4．插入与删除行或列

在编辑表格的过程中，有可能出现表格行数或列数不足或过多的情况，此时可插入与删除行或列，及时调整表格结构。

● **插入行或列**：选择某个单元格，在单元格上单击鼠标右键，在弹出的快捷菜单中执行【表格】/【插入行或列】菜单命令，打开"插入行或列"对话框，在"插入"栏中选择插入的对象，在下方的文本框中输入插入的数量，在"位置"栏中选择插入的位置，最后单击 确定 按钮，如图5-18所示。

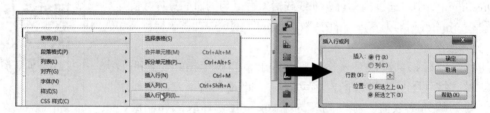

图5-18　利用快捷菜单插入行或列

● **删除行或列**：选择需删除的行或列，在单元格上单击鼠标右键，在弹出的快捷菜单中执行【表格】/【删除行】命令可删除行，在弹出的快捷菜单中执行【表格】/【删除列】命令可删除列。

5.1.3　设置表格和单元格属性

设置表格和单元格属性包括更改表格或单元格的边框粗细、背景颜色，以及对齐方式等。

1．设置表格属性

选择整个表格，在"属性"面板中设置表格的各种参数，如图5-19所示。"属性"面板中部分参数的作用如下。

图5-19　设置表格属性的面板

- ● "行"和"列"文本框：设置表格的行数和列数。
- ● "宽"文本框：设置表格的宽度，在文本框后的下拉列表框中可选择像素和百分比单位。
- ● "填充"文本框：设置单元格边界和单元格内容之间的距离（以像素为单位）。
- ● "间距"文本框：设置相邻单元格之间的距离。
- ● "对齐"下拉列表框：设置表格与同一段中其他网页元素之间的对齐方式。
- ● "边框"文本框：设置边框的粗细。

2．设置单元格属性

设置单元格属性时，可先选择单元格或将插入点定位到该单元格中，也可按住【Ctrl】键同时选择多个单元格，然后在"属性"面板中设置各参数，如图5-20所示。此时，"属性"面板中部分参数的作用如下。

图5-20　设置单元格属性的面板

- ● "水平"下拉列表框：设置单元格中内容水平方向的对齐方式。
- ● "垂直"下拉列表框：设置单元格中内容垂直方向的对齐方式。
- ● "宽"文本框：设置单元格的宽度，与设置表格宽度的方法相同。
- ● "高"文本框：设置单元格的高度。
- ● "不换行"复选框：单击选中该复选框可防止换行，让所有文本都显示在同一行中。
- ● "标题"复选框：单击选中该复选框可设置所选的单元格的格式为表格标题单元格。默认情况下，这种表格标题单元格的文本为粗体并且居中显示。
- ● "背景颜色"文本框：设置单元格的背景颜色。

5.1.4　在表格中插入内容

完成插入表格与调整结构后，可在表格的各个单元格中输入文本或插入其他网页元素需要的内容。

1．输入文本

要在表格中输入文本，只需将插入点定位到单元格中，输入文本并适当设置文本样式。下面在"cpzs.html"网页中输入并设置文本，具体操作如下。

（1）在嵌套表格中选择第2列单元格，然后设置背景颜色为"#FF3366"，并为外侧表格的最后一行单元格设置相同的背景颜色。在设置了背景颜色的第一个单元格中单击定位插入点，输入文本"查看"，如图5-21所示。

（2）选择输入的文本，应用"font01"样式，设置字体格式为"11号、加粗、白色、居中对齐"，如图5-22所示。

微课视频
输入文本

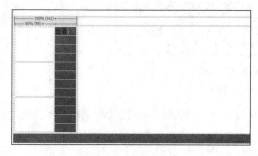
图5-21 输入文本

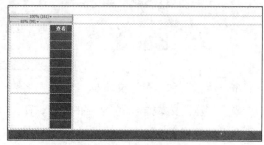
图5-22 设置字体格式

（3）选择"查看"文本所在的单元格，按【Ctrl+C】组合键复制，依次在下方相邻的3个单元格中粘贴，并设置文本为居中对齐，如图5-23所示。

（4）修改复制的文本内容，如图5-24所示。

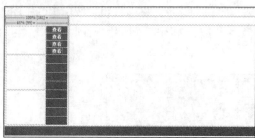
图5-23 复制文本并设置对齐方式

图5-24 修改文本

（5）同时选择输入文本的4个单元格，按【Ctrl+C】组合键复制文本，并粘贴文本到下方的单元格中，如图5-25所示。

（6）在最后一行单元格中输入版权文本，并应用"font01"格式，如图5-26所示。

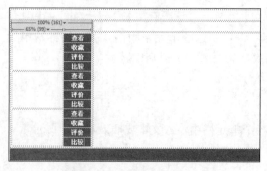
图5-25 复制并粘贴文本

图5-26 输入版权文本

2．插入其他网页元素

除了输入文本外，在表格中还可以插入图像、动画、视频等对象，且操作与在网页中插入相应对象完全相同。下面在"cpzs.html"网页中插入图像，具体操作如下。

微课视频

插入其他网页元素

（1）在表格第1行单元格中单击定位插入点，执行【插入】/【图像】菜单命令，如图5-27所示。

（2）打开"选择图像源文件"对话框，选择"cpzs"文件夹中的"dh.jpg"素材图像，单击 确定 按钮，如图5-28所示。

图5-27　插入图像

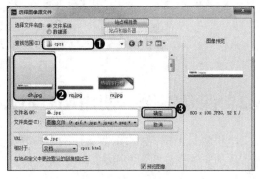

图5-28　选择图像

（3）打开提示对话框，单击 是(Y) 按钮，如图5-29所示。

（4）打开"图像标签辅助功能属性"对话框，保持默认设置，单击 确定 按钮，如图5-30所示。

图5-29　确认同步图像

图5-30　设置图像替换文本

（5）此时在单元格中插入选择的图像，效果如图5-31所示。

图5-31　插入图像后的效果

（6）按照相同方法在其他单元格中插入图像，完成后的效果如图5-32所示。最后保存网页并预览效果。

图5-32   插入其他图像

5.2   课堂案例：使用AP Div制作"千履千寻"网站首页

老洪告诉米拉，AP Div具有使网页布局灵活性大和可移动性强等特点，可在网页内任意创建和移动元素，是非常实用的网页布局工具。因此，米拉决定使用AP Div来制作"千履千寻"网站首页。

"千履千寻"网站首页需要具有与公司相关的导航链接，并要求界面简洁、布局合理。在制作时，首先绘制AP Div对象，然后通过选择、调整大小、移动和对齐等操作编辑AP Div对象，最后在各个AP Div中输入文本和插入图像。本案例完成后的参考效果如图5-33所示。

素材所在位置   素材文件\第5章\课堂案例\qlqx
效果所在位置   效果文件\第5章\课堂案例\index.html

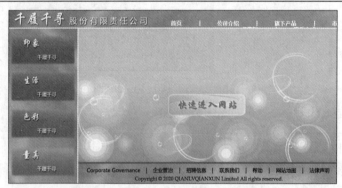

图5-33   "千履千寻"网站首页的参考效果

高清彩图

"千履千寻"网站
首页的参考效果

5.2.1   创建AP Div

在网页中创建AP Div，需要用到"插入"面板中"布局"工具栏的工具。下面在"index.html"网页中创建多个AP Div，具体操作如下。

（1）打开"index.html"网页文件，单击网页，打开"插入"面板，选择"常用"选项，在打开的下拉列表框中选择"布局"选项，选择"绘制 AP Div"工具，如图5-34所示。

（2）在网页任意区域按住鼠标左键并拖动鼠标绘制所需大小的AP Div，如图5-35所示。

微课视频

创建 AP Div

图5-34 选择"绘制AP Div"工具

图5-35 绘制AP Div

（3）释放鼠标左键，创建AP Div，如图5-36所示。

（4）重复上述操作，使用"绘制AP Div"工具绘制其他AP Div，完成后的效果如图5-37所示。

图5-36 绘制完成的AP Div　　　　　图5-37 绘制其他AP Div

5.2.2 选择AP Div

使用AP Div布局网页时，需要设置AP Div的相关参数，在设置之前应掌握如何选择AP Div。

● **选择单个AP Div：**单击AP Div的边框可选择该AP Div，如图5-38所示。

● **选择多个AP Div：**按住【Shift】键依次选择需要的AP Div，或单击AP Div的边框可同时选择多个AP Div，如图5-39所示。

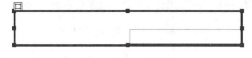

图5-38 选择单个AP Div　　　　　图5-39 选择多个AP Div

5.2.3 设置AP Div尺寸

绘制出来的AP Div，其尺寸不一定满足实际需要，可以通过"属性"面板进一步设置AP Div的尺寸。下面在"index.html"网页中设置AP Div尺寸，具体操作如下。

（1）选择网页最上方的AP Div，在"属性"面板的"宽"和"高"文本框中查看AP Div的当前尺寸大小，如图5-40所示。

（2）分别修改"宽"和"高"文本框中的数字为"792px"和"40px"，此时AP Div的尺寸同步发生变化，如图5-41所示。

（3）设置中间AP Div的"宽"和"高"分别为"405px"和"17px"，如图5-42所示。

（4）设置左侧AP Div的"宽"和"高"分别为"168px"和"360px"，如图5-43所示。

（5）设置右侧的AP Div的"宽"和"高"分别为"622px"和"360px"，如图5-44所示。

（6）设置下方的AP Div的"宽"和"高"分别为"621px"和"50px"，如图5-45所示。

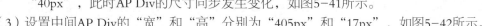

微课视频

设置AP Div尺寸

图5-40　选择AP Div并查看尺寸大小

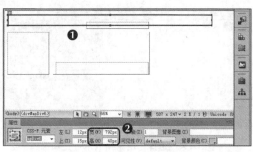
图5-41　设置AP Div尺寸

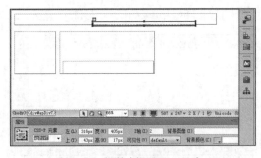
图5-42　调整中间AP Div尺寸

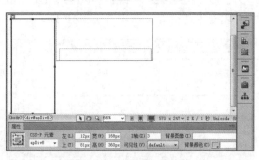
图5-43　调整左侧AP Div尺寸

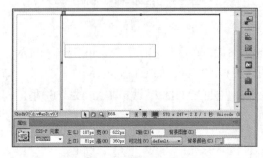
图5-44　调整右侧AP Div尺寸

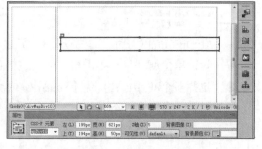
图5-45　调整下方AP Div尺寸

5.2.4　移动AP Div

在绘制并调整AP Div的大小后，AP Div的位置相应发生变动，此时可移动AP Div调整位置。下面调整"index.html"网页中AP Div的位置，具体操作如下。

（1）在需移动的AP Div边框上按住鼠标左键，将AP Div拖动到目标位置，如图5-46所示。

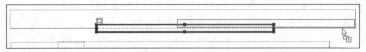
图5-46　拖动AP Div

（2）释放鼠标左键后，该AP Div便被移动到了鼠标指针指定的目标位置，如图5-47所示。

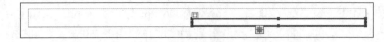
图5-47　移动后的AP Div

（3）按照相同方法继续调整其他AP Div的位置，完成后的效果如图5-48所示。

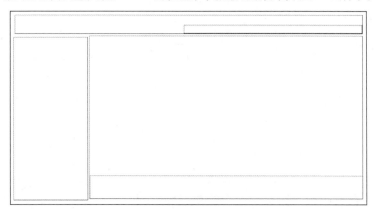

图5-48　移动其他AP Div

多学
一招

其他AP Div操作

如果对AP Div的大小精度要求不高，则可选择AP Div，直接拖动边框上的控制点调整其尺寸。另外，选择单个或多个AP Div对象后，按键盘上的【↑】、【↓】、【←】或【→】键，可向键位对应的方向微移所选的AP Div对象。

5.2.5　对齐AP Div

微课视频

对齐 AP Div

虽然移动AP Div的操作直观、方便，但无法保证将AP Div排列整齐。在Dreamweaver CS6中，可使用对齐功能按指定边缘对齐若干AP Div。下面在"index.html"网页中对齐AP Div，具体操作如下。

（1）按住【Shift】键选择上方的两个AP Div，执行【修改】/【排列顺序】/【右对齐】菜单命令，如图5-49所示。

（2）执行【修改】/【排列顺序】/【对齐下缘】菜单命令，如图5-50所示。

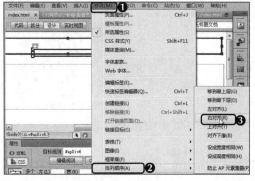

图5-49　按右边缘对齐AP Div

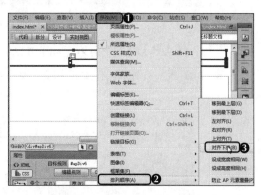

图5-50　按下边缘对齐AP Div

（3）此时所选的两个AP Div的右侧和下方完全重合，对齐后的效果如图5-51所示。

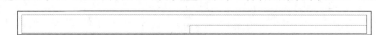

图5-51　对齐后的效果

（4）按照相同的方法，执行【修改】/【排列顺序】菜单下的子命令对齐其他AP Div对象，对齐后的参考效果如图5-52所示。

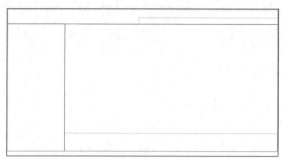

图5-52　对齐其他AP Div

知识提示	**对齐AP Div的注意事项**
	在对齐AP Div时，一定要注意选择AP Div的先后顺序。假设有甲、乙两个AP Div，如果需要让甲AP Div对齐乙AP Div的右边缘，则应先选择甲AP Div，再选择乙AP Div，然后执行【修改】/【排列顺序】/【右对齐】菜单命令。换句话说，后选择的AP Div是对齐的参考对象。

5.2.6　更改AP Div堆叠顺序

当多个AP Div重叠时，就会涉及堆叠顺序的问题，更改堆叠顺序可以控制显示的区域或遮挡的区域。具体方法为：选择需调整堆叠顺序的AP Div对象，执行【修改】/【排列顺序】/【移到最上层】（或【移到最下层】）菜单命令。图5-53所示为将尺寸较小的AP Div移到最上层和移到最下层时的效果对比。

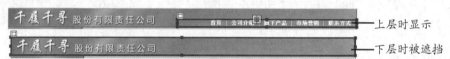

图5-53　不同堆叠顺序的效果对比

5.2.7　在AP Div中插入各种元素

布局AP Div后，可以在AP Div中输入文本或插入网页元素。下面以在布局好的"index.html"网页中输入文本和插入图像为例，介绍在AP Div中插入元素的方法，具体操作如下。

（1）在最上方的AP Div中单击定位插入点，执行【插入】/【图像】菜单命令，如图5-54所示。

（2）打开"选择图像源文件"对话框，选择"qlqx"文件夹中的"banner.jpg"素材图像，单击 确定 按钮，如图5-55所示。

（3）打开"图像标签辅助功能属性"对话框，直接单击 确定 按钮，如图5-56所示。

（4）在AP Div中插入选择的图像，插入后的效果如图5-57所示。

（5）在右侧较小的AP Div中单击定位插入点，输入图5-58所示的文本（使用【Space】键控制各文本的间距）。

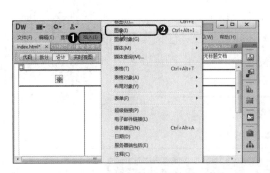

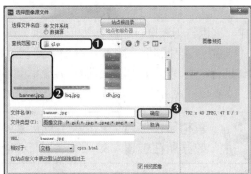

图5-54　插入图像　　　　　　　　　　　　图5-55　选择图像

图5-56　设置图像替换文本　　　　　　　　图5-57　插入图像后的效果

（6）选择输入的文本，在"属性"面板中设置字体格式为"12号、加粗、右对齐、白色"，完成后的效果如图5-59所示。

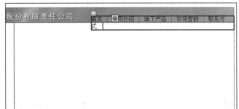

图5-58　输入文本　　　　　　　　　　　　图5-59　设置字体格式

（7）按照相同方法在其他空白AP Div中插入素材图像，完成后的效果如图5-60所示，最后保存网页并预览效果。

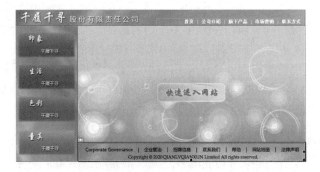

图5-60　插入其他图像后的效果

5.3　课堂案例：使用框架制作"公司公告"网页

　　米拉在浏览一些企业网站时，发现某些网站可以在浏览部分区域的同时，保持其他区域固定不动。米拉想将这种功能应用到接下来需要制作的"公司公告"网页中。老洪告诉米拉，这种效果可以用框架布局网页实现。

高清彩图

"公司公告"网页的参考效果

　　要制作这种效果的网页，首先需要创建框架页，然后对框架集和框架进行适当调整与编辑，最后在各个框架中指定需要显示的网页源文件。本案例完成后的参考效果如图5-61所示。

素材所在位置　素材文件\第5章\课堂案例\gsgg
效果所在位置　效果文件\第5章\gsgg.html

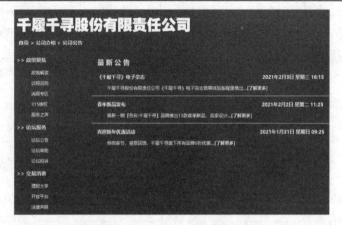

图5-61　"公司公告"网页的参考效果

5.3.1　了解框架和框架集

　　框架是浏览器窗口中的一个区域，可以显示与浏览器窗口其余部分显示的内容无关的HTML文档。

　　框架技术主要使用框架集和单个框架实现。框架集其实是一个用于定义在文档中显示多个文档框架结构的HTML网页。框架集定义了一个文档窗口中显示网页的框架数、框架大小、嵌入框架的网页、其他可定义的属性等内容。默认情况下，框架集中的内容不会显示在浏览器中。设计者可将框架集看作一个容纳和组织多个文档的容器，而单个框架就是框架集中被组织和显示的一个文档。

　　框架网页能够实现在同一窗口中显示多个内容，实质是通过超链接链接网站的目录或导航条与具体的内容网页，将各框架对应网页的内容一并显示在同一个窗口中，使用户感觉内容都在一个网页中。使用框架布局网页较常用的布局模式是设置窗口的左侧或顶部区域为目录区，用于显示文件的目录或导航条；设置右侧面积较大的区域为网页的主体区域。在文件目录和文件内容之间建立超链接，即可实现网页内容的访问。

5.3.2　创建框架集与框架

　　利用Dreamweaver提供的框架功能能够方便、快捷地创建框架集与框架。

微课视频

创建框架集

　　1．创建框架集

　　利用Dreamweaver的"新建"功能可以很方便地创建框架集。下面创建"上方固定"框架集，具体操作如下。

（1）新建HTML空白网页，并将网页保存为"index.html"，将插入点定位到空白位置，执行
【插入】/【HTML】/【框架】/【对齐上缘】菜单命令，如图5-62所示。

（2）打开"框架标签辅助功能属性"对话框，直接单击 确定 按钮，如图5-63所示，创建框架。

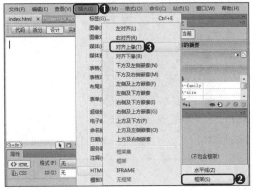

图5-62　选择菜单

图5-63　创建框架

多学一招

创建框架和框架集的其他方法

新建空白HTML文档，执行【文件】/【新建】菜单命令，在打开的"新建文档"对话框右侧的"布局"栏中选择相应的选项，即可新建所需的框架集页面。新建空白的HTML文档，执行【修改】/【框架集】菜单命令，可在打开的子菜单中选择需要的框架集样式。

（3）按【Shift+F2】组合键，打开"框架"面板，选择mainFrame框架，将鼠标指针移至框架左边框线上，按住鼠标左键并拖动边框线至合适的位置，释放鼠标左键拆分框架，如图5-64所示。

行业提示

框架网页的优缺点

框架网页可以在一个网页中显示多个网页内容。利用这一特点，制作网页时就可以在某些框架区域放置固定内容，使用户可以在一个主要的网页区域中方便地浏览整个网站的大致内容，而不需要切换窗口。

但是，框架网页也有一定的局限性。大多数搜索引擎无法识别网页中的框架，或无法索引或搜索框架中的内容，使网站无法有效达到推广目的。因此，框架网页一般适用于制作网站的后台管理、公告和维护等辅助网页。

2．选择框架集与框架

选择框架集与框架需要利用"框架"面板实现。首先执行【窗口】/【框架】菜单命令打开"框架"面板，然后选择框架集与框架。

● **选择框架集**：在"框架"面板中单击框架集的边框选择整个框架集，选择框架集后，框架集边框显示为虚线，如图5-65所示。

● **选择框架**：在"框架"面板中单击某个框架区域选择该框架，被选择的框架在"框架"面板中显示为粗黑实线，在网页窗口中，该框架的边框显示为虚线，如图5-66所示。

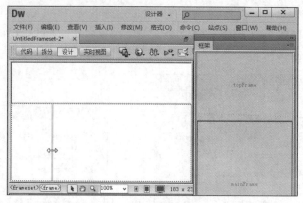

图5-64 拆分框架

图5-65 选择框架集

图5-66 选择框架

3. 创建自定义框架

当利用"新建文档"对话框无法创建出需要的框架布局时，可在某个框架的基础上创建自定义框架。下面在前面创建的框架网页中创建自定义框架，具体操作如下。

（1）在"框架"面板中单击下方的框架区域，如图5-67所示。

（2）将鼠标指针移至网页中所选框架的左边框上，使其变为↔形状，如图5-68所示。

微课视频
创建自定义框架

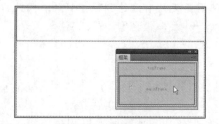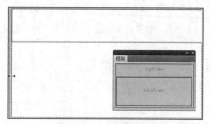

图5-67 单击框架区域　　　　　图5-68 定位鼠标指针

（3）按住鼠标左键不放并向右侧拖动鼠标，如图5-69所示。

（4）释放鼠标左键将下方框架拆分为两个框架，"框架"面板中也将同步更新框架集的结构，效果如图5-70所示。

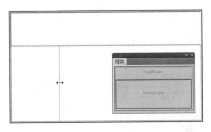

图5-69 拆分框架

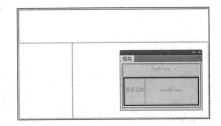

图5-70 完成框架的自定义创建

5.3.3　保存框架集与框架

　　保存框架网页不同于保存普通网页的操作,可以单独保存框架网页中的某个框架文档,也可以保存整个框架集文档。

微课视频

保存框架集

1．保存框架集

　　保存框架集是指保存框架网页中的所有框架内容和框架集本身。下面保存前面创建框架网页的框架集,具体操作如下。

(1)执行【文件】/【保存框架页】菜单命令,如图5-71所示。

(2)打开"另存为"对话框,在"保存在"下拉列表框中设置保存位置,在"文件名"下拉列表框中输入"gsgg",单击 保存(S) 按钮保存框架集,如图5-72所示。

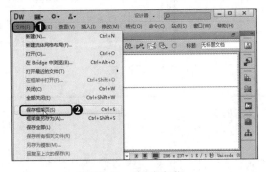

图5-71 保存框架集

图5-72 设置保存位置和名称

2．保存框架文档

　　保存框架文档的方法不同于保存框架集,保存框架文档是指保存框架集中指定的单个框架网页。其方法为：在网页中需保存的框架区域单击定位插入点，执行【文件】/【保存框架】菜单命令，在打开的"另存为"对话框中设置该框架的保存位置和名称，单击 保存(S) 按钮，如图5-73所示。

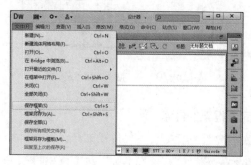

图5-73　保存单个框架文档

3．保存所有框架文档

执行【文件】/【保存全部】菜单命令，在打开的"另存为"对话框中设置保存位置和名称后，单击 保存(S) 按钮，可保存框架集及所有框架网页文档，如图5-74所示。在保存时，通常先保存框架集网页文档，再保存各个框架网页文档，被保存的当前文档所在的框架或框架集边框显示为粗实线。

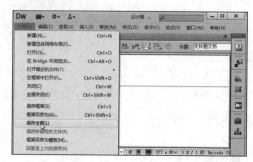

图5-74　保存所有框架文档

5.3.4　删除框架

删除框架只需拖动要删除的框架边框至网页外即可，如图5-75所示。

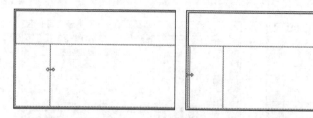
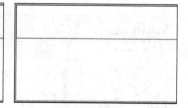

图5-75　删除框架

5.3.5　设置框架集与框架属性

选择框架集或框架后，可通过"属性"面板中的参数设置框架集或框架的属性，如空白边距、滚动特性、大小特性和边框特性等属性。

1．设置框架集属性

选择需设置属性的框架集，"属性"面板中会出现图5-76所示的参数。部分参数的作用介绍如下。

图5-76 框架集的"属性"面板

● **"边框"下拉列表框**：设置在浏览器中查看网页时是否在框架周围显示边框效果，包括"是""否""默认值"3个选项，其中"是"表示显示边框，"否"表示不显示边框，"默认值"表示根据浏览器自身设置来确定是否显示边框。

● **"边框颜色"色块**：设置边框的颜色。

● **"边框宽度"文本框**：设置框架集中所有边框的宽度。

● **"行列选定范围"栏**：图框中显示为深灰色的部分表示当前选择的框架，浅灰色的部分表示没有被选择的框架。要调整框架的大小，可在该处选择需要调整的框架，然后在"值"文本框中输入数字。

● **"值"文本框**：指定选择框架的大小。

● **"单位"下拉列表框**：设置框架尺寸的单位，包括像素、百分比和相对3种。

2．设置框架属性

设置框架属性时要先选择需设置属性的框架，然后利用图5-77所示的"属性"面板设置。部分参数的作用介绍如下。

图5-77 框架的"属性"面板

● **"源文件"文本框**：设置当前框架中初始显示的网页文件名称和路径。

● **"边框"下拉列表框**：设置是否显示框架的边框。需要注意的是，只有该选项设置与框架集设置有冲突时，该选项设置才会起作用。

● **"滚动"下拉列表框**：设置框架显示滚动条的方式，包括"是""否""自动""默认"4个选项。其中"是"表示显示滚动条，"否"表示不显示滚动条，"自动"表示根据窗口大小显示滚动条，"默认"表示根据浏览器自身设置显示滚动条。

● **"不能调整大小"复选框**：单击选中该复选框后，将不能在浏览器中通过拖动框架边框的方式改变框架的大小。

● **"边框颜色"文本框**：设置框架边框的颜色。

● **"边界宽度"文本框**：设置当前框架中的内容距左右边框的距离。

● **"边界高度"文本框**：设置当前框架中的内容距上下边框的距离。

5.3.6 制作框架网页

制作框架网页就是为框架集的各个框架指定显示的网页文件。下面为前面保存的"gsgg.html"框架网页指定网页文件，具体操作如下。

微课视频

制作框架网页

（1）在"框架"面板中选择上方的框架，然后单击"属性"面板中"源文件"文本框右侧的"浏览文件"按钮 📂，如图5-78所示。

（2）打开"选择HTML文件"对话框，在其中选择"top.html"网页文件，单击 确定 按钮，如图5-79所示。

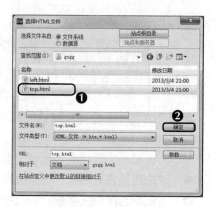

图5-78 选择框架

图5-79 选择网页文件

（3）打开提示对话框，单击 ［是(Y)］ 按钮，如图5-80所示。

（4）所选框架中插入了指定的网页文件，如图5-81所示。

图5-80 确认复制

图5-81 查看效果

（5）使用相同的方法为其他框架网页添加内容，完成后的效果如图5-82所示。

图5-82 为其他框架网页添加内容

5.4 项目实训

5.4.1 制作"信息列表"网页

1．实训目标

本实训需要制作"信息列表"网页。"信息列表"网页要求罗列出网站信息，以便用户快速查找和观看。制作时，首先通过插入表格、嵌套表格等操作确定表格的框架，然后结合合并与拆分单元格等操作调整表格结构，最后输入对应的内容。完成后的参考效果如图5-83所示。

素材所在位置　素材文件\第5章\项目实训\info\images
效果所在位置　效果文件\第5章\项目实训\info\info.html

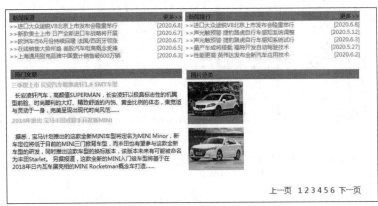

图5-83　"信息列表"网页的参考效果

高清彩图
"信息列表"网页
的参考效果

微课视频
制作"信息列表"网页

2．专业背景

合理的版面设计可以使网页效果更加漂亮，目前常见的网页版式设计类型主要有骨骼型、满版型、分割型、中轴型、曲线型、倾斜型、对称型、焦点型、三角型、自由型10种。

- **骨骼型**：骨骼型是一种规范、合理的分割版式的设计方法，通常将网页主要布局设计为3行2列、3行3列或3行4列，如"果蔬网"网站就是采用该类型进行版式设计。
- **满版型**：满版型是指网页以图像充满整个版面，并配上部分文字。优点是视觉效果好、直观，给用户高端大气的感觉，该设计类型在网页中运用较多。
- **分割型**：分割型是指将整个网页分割为上下或左右两部分，分别放置图像和文字。图文结合的方式使网页产生协调对比的美，并且用户可以根据需要调整图像和文字的比例。
- **中轴型**：中轴型是指沿着浏览器窗口的中线将图像或文字按照水平或垂直方向排列。水平排列能带给用户平静、含蓄的感觉，垂直排列能带给用户舒适的感觉。
- **曲线型**：曲线型是指图像和文字在网页上按照曲线分割或编排，从而产生节奏感，适合风格比较活泼的网页使用。
- **倾斜型**：倾斜型是指将网页主题形象或重要信息倾斜排版，以吸引用户注意力，适合一些网页中活动网页的版式设计。
- **对称型**：对称分为绝对对称和相对对称，设计者通常采用相对对称的方法设计网页版式，避免网页过于呆板。
- **焦点型**：焦点型版式设计是将对比强烈的图片或文字放在网页中心，使网页具有强烈的视觉效果，通常用于房地产类网站的设计。
- **三角型**：将网页中的各种视觉元素呈三角形排列，可以是正三角，也可以是倒三角，优点是能够突出网页主题。
- **自由型**：自由型的版式设计网页较为活泼，没有固定的格式，总体给用户轻快、随意、不拘于传统布局方式的感觉。

3．操作思路

完成本实训需要先插入一个表格，然后对表格进行嵌套表格、设置单元格属性等操作，最后在表格中填充内容并设置页面属性，操作思路如图5-84所示。

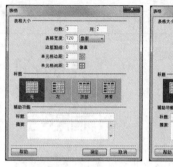  

① 插入表格　　　　　② 嵌套表格　　　　　③ 设置页面属性

图5-84　制作"信息列表"网页的操作思路

【步骤提示】

（1）新建"info.html"网页文件，在网页中插入一个3行2列，"表格宽度"为"720像素"，"单元格边距"和"单元格间距"都为"2"的表格，并设置表格的对齐方式为"居中对齐"。

（2）在第1行第1列中插入一个6行2列，"表格宽度"为"380像素"，"单元格边距"和"单元格间距"都为"0"的表格。

（3）设置插入表格第1行的"背景颜色"为"#2C9BD0"，"宽"为"296像素"，"高"为"20像素"，并在第1行第1列中输入文本"新闻报道"，新建"font01"样式，设置样式为"12号、加粗、#009"。在第1行第2列中输入文本"更多>>"，为文本应用相同的样式。

（4）在第2行中输入内容，新建"font02"样式，设置样式为"12号、#2C9BD0"，依次在下方的行中输入文本，并应用相同的样式。选择嵌套表格，将插入点定位到原始表格的第1行第2列中，复制文本并粘贴到表格中，修改表格中的文本。

（5）在原始表格的第2行第1列中嵌套一个5行1列，"表格宽度"为"380像素"，"单元格边距"和"单元格间距"都为"2"的表格。在嵌套表格的第1行中输入"热门文章"文本，并应用"font01"样式。

（6）在嵌套表格的第2行中输入文章标题并设置为空链接，新建"font03"样式，设置文本"加粗"，然后在第3行中输入相应的文本。

（7）在嵌套表格剩余的两行中输入文章标题和内容，并应用对应的样式，然后设置页面属性的"链接颜色"为"#FC0"，"下划线样式"为"始终无下划线"。

（8）在原始表格的第2行第2列中插入一个4行3列，"表格宽度"为"380像素"，"单元格边距"和"单元格间距"都为"2"的表格，在其中输入文本并插入图像，最后在原始表格最后一行中输入文本。

5.4.2　制作"歇山园林"网页

1．实训目标

本实训需要制作"歇山园林"网页。该网页为企业网站网页，要求通过框架的各种操作完成网站的布局，最后向框架中添加内容。完成后的参考效果如图5-85所示。

图5-85 "歇山园林"网页的参考效果

素材所在位置 素材文件\第5章\项目实训\index
效果所在位置 效果文件\第5章\项目实训\index\index.html

2. 专业背景

进行版式设计时，需要注意版式设计的基本准则，下面总结了5条基本的建议。

● **网页版式**：保持文件为大小最小，以便快速加载；将重要信息放在第一个满屏区域；网页长度不要超过3个满屏；设计时应使用多个浏览器测试效果；尽量少使用动画效果。

● **文本**：对同类型的文本使用相同的设计，重要的文本在视觉上要更加突出；设置网页中的文本格式时不要将所有文字都设置为大写；不要大量使用斜体；不要将文字格式同时设置为大写、倾斜、加粗；不要随意插入换行符；尽量不要将文本设置为五级或六级标题，即尽量少用<h5>和<h6>标签。

● **图像**：对图像中的文字进行平滑处理；尽量将图像文件大小控制在30KB以下；消除透明图像周围的杂色；不要显示链接图像的蓝色边框线；插入图像时对每个图像都设置替代文本，以便图像无效时显示替代文本。

● **美观性**：避免网页中的所有内容都居中对齐；不要使用太多颜色，选择一两种主色调和一种强调色；不要使用复杂的图案平铺背景，以免给用户凌乱的感觉；设置有底纹的文字颜色时最好不要设置为黑底白字，尤其是设置网页中大量的小文字时，可以选择一种柔和的颜色来反衬，也可使用底纹色的反色。

● **主页设计**：网站的主页要体现站点的标志和主要功能；对导航功能进行层次设计，并提供搜索功能；主页中的文字要精炼或使用一些暗示用户浏览其他网页内容的导读；主页中放置的内容应该是网站比较有特色的功能版块，以吸引用户点击。

3. 操作思路

完成本实训需要先创建框架，然后将框架保存，最后向框架中添加相关的内容并调整框架大小等，操作思路如图5-86所示。

【步骤提示】

（1）新建一个上方固定的框架网页文档，将框架集保存为"index.html"。

（2）在上方的框架中通过链接网页的方法添加"top.html"网页文件，下方框架链接"hhtj.html"网页文件。

（3）完成后调整上方框架大小，然后保存。

① 创建框架

② 添加内容

③ 调整框架大小

图5-86　制作"歇山园林"网页的操作思路

5.5　课后练习

本章主要介绍了网页布局的相关知识，包括使用表格、AP Div和框架布局网页等。本章内容是学习网页制作的重点和核心内容之一，对掌控整个网页版面和风格设计有着至关重要的作用。设计者应认真学习和掌握，达到灵活运用和举一反三的程度。

练习1：制作"团购"网页

本练习需要制作"团购"网页，制作时要求运用表格的插入、编辑，文本样式的设置等知识。完成后的效果如图5-87所示。

素材所在位置	素材文件\第5章\课后练习\tuangou\images
效果所在位置	效果文件\第5章\课后练习\tuangou\tuangou.html

图5-87　"团购"网页效果

要求操作如下。

● 将网页另存为"tuangou.html",选择"一口价"部分,并修改表格中的内容。

● 在网页上方插入一个3行1列的表格,在第1行中输入文本并设置文本格式,在第2行中插入水平线。

● 将第3行拆分为2列,在第1列中插入图片,在第2列中插入一个4行1列的表格,在表格中输入并设置表格内容。

练习2:制作"OA后台管理"网页

本练习需要使用框架结构制作"OA后台管理"网页,要求能实现OA办公系统的基本功能,便于用户操作和查看。完成后的效果如图5-88所示。

图5-88 "OA后台管理"网页效果

素材所在位置 素材文件\第5章\课后练习\htg1
效果所在位置 效果文件\第5章\课后练习\htg1\oa.html

要求操作如下。

● 新建一个空白HTML文档,执行【插入】/【HTML】/【框架】/【上方及左侧嵌套】菜单命令,在打开的"框架标签辅助功能属性"对话框中设置参数。

● 单击 确定 按钮关闭对话框,创建框架。调整上方和左侧框架的高度和宽度。

● 在"框架"面板中单击左侧的框架缩览图选择框架,然后单击"属性"面板中"链接"文本框右侧的"浏览文件"按钮 🗀 ,在打开的对话框中选择源文件为"left.html",完成左侧网页的设置。

● 使用相同的方法设置右侧框架的源文件为"main.html"。

● 将鼠标指针定位到顶端框架网页中,然后插入图片,在"CSS样式"面板中单击"附加样式表"按钮,选择"oa.css"CSS样式文件。

● 执行【文件】/【保存全部】菜单命令,在打开的"另存为"对话框中保存框架和网页,然后按【F12】键预览网页,完成本练习的制作。

微课视频

制作"OA后台管理"网页

高清彩图

"OA后台管理"网页效果

5.6 技巧提升

1．使用浮动框架

使用框架布局网页时，还有一个非常实用的对象——浮动框架。浮动框架可以实现在框架网页中进一步嵌入网页。

● **创建浮动框架**：浮动框架是在代码视图中添加<iframe></iframe>标签来实现的，首先在网页中要插入浮动框架的位置单击定位插入点，然后切换到代码视图并输入"<iframe></iframe>"。

● **宽度设置**：在<iframe>标签中的"iframe"后按【Space】键，在打开的列表框中双击"width"选项，并在插入的双引号中输入具体的宽度值。

● **高度设置**：在<iframe>标签中的"iframe"后按【Space】键（也可在其余设置好的参数代码后按【Space】键），在打开的列表框中双击"height"选项，并在插入的双引号中输入具体的高度值，如"50px"。

● **边框设置**：在<iframe>标签中的"iframe"后按【Space】键（也可在其余设置好的参数代码后按【Space】键），在打开的列表框中双击"frameborder"选项，并在插入的双引号中输入具体的边框粗细值，如输入"0"表示无边框。

● **指定源文件**：在<iframe>标签中的"iframe"后按【Space】键（也可在其余设置好的参数代码后按【Space】键），在打开的列表框中双击"src"选项，然后执行出现的【浏览】命令，在打开的对话框中为浮动框架指定显示的网页文件。

● **滚动条设置**：在<iframe>标签中的"iframe"后按【Space】键（也可在其余设置好的参数代码后按【Space】键），在打开的列表框中双击"scrolling"选项，在打开的列表框中选择滚动条的显示方式，包括"auto""yes""no"3种方式。

● **对齐方式设置**：在<iframe>标签的"iframe"后按【Space】键（也可在其余设置好的参数代码后按【Space】键），在打开的列表框中双击"align"选项，在打开的列表框中选择对齐方式，包括"bottom""left""middle""right""top"5种方式。

2．嵌套框架

在框架内部还可以创建框架，即嵌套框架。嵌套框架的方法与创建框架的方法类似，将插入点定位到需要嵌套框架的位置，执行【插入】/【HTML】/【框架】菜单命令，然后选择需要嵌套的框架。

3．批量设置AP Div

按住【Ctrl】键选择所有需要设置的AP Div对象，然后在"属性"面板中进行设置，此后所选的AP Div都将应用修改。还可以将AP Div转换成表格，然后设置表格的属性来调整外观等参数。将AP Div转换成表格的方法为：执行【修改】/【转换】/【将AP Div转换为表格】菜单命令，在打开的对话框中单击选中相应的转换方式单选按钮，并进行适当设置。

第6章
CSS样式与盒子模型

情景导入

老洪告诉米拉，制作网页时通常使用CSS来丰富网页样式并统一风格，使用Div标签来丰富网页效果。在现在的网页设计中，设计师通常使用CSS+Div来布局和控制网页。这两项操作是学习网页设计的重点内容。

学习目标

● **掌握"热销精品"网页的制作方法**

如认识CSS样式、CSS样式的各种属性设置、创建与应用CSS样式、编辑CSS样式、删除CSS样式等。

● **掌握"消费者保障"网页的制作方法**

如认识盒子模型、盒子模型的布局优势、利用CSS+Div布局网页等。

案例展示

▲ "热销精品"网页效果

▲ "消费者保障"网页效果

6.1 课堂案例：制作"热销精品"网页

米拉已经制作完成"热销精品"网页的基本内容，接下来就等老洪讲解使用CSS样式控制网页样式，统一网页风格。

老洪告诉米拉，在使用CSS样式控制网页样式前，需要先认识CSS样式，了解其各种属性设置。这样才能在网页中创建CSS样式，并设置和编辑CSS样式。本案例完成后的参考效果如图6-1所示。

素材所在位置 素材文件\第6章\课堂案例\rxjp
效果所在位置 效果文件\第6章\课堂案例\rxjp.html、ys01.css

图6-1 "热销精品"网页的参考效果

6.1.1 认识CSS样式

CSS（Cascading Style Sheet）是层叠样式表。CSS样式是一种用来进行网页风格设计的样式表技术。定义CSS样式后，就可以把CSS样式应用到不同的网页元素中；当修改了CSS样式，所有应用了该CSS样式的网页元素也会自动统一修改。

1．CSS样式的功能

CSS样式的功能归纳起来主要有以下6点。

- 灵活控制网页文字的字体、字号、颜色、间距、风格、位置等。
- 可随意设置一个文本块的行高和缩进，并能为文本块添加有三维效果的边框。
- 方便定位网页中的任何元素，设置不同的背景颜色和背景图片。
- 精确控制网页中各种元素的位置。
- 可以为网页中的元素设置各种过滤器，产生如阴影、模糊、透明等效果（通常这些效果只能在图像处理软件中实现）。
- 可以与脚本语言结合，使网页中的元素产生多种动态效果。

2．CSS样式的特点

CSS样式的特点主要有以下5点。

- **使用文件：** CSS样式提供了许多文字样式和滤镜特效等，不仅便于网页内容的修改，还提高了加载速度。
- **集中管理样式信息：** CSS样式将网页中要展现的内容与样式分离，并进行集中管理，便于在需要更改网页外观样式时，保持HTML文件本身内容不变。

- **分类使用样式**：多个HTML文件可以同时使用一个CSS样式文件，一个HTML文件也可同时使用多个CSS样式文件。

- **共享样式设定**：将CSS样式保存为单独的文件，可以供多个网页同时使用，避免了每个网页重复设置的麻烦。

- **优先级**：CSS样式根据保存位置的不同可以分为行内样式、内部样式和外部样式3种，它们的优先级为"行内样式>内部样式>外部样式"。对于同一保存位置的样式，写在文档后面的优先于写在文档前面的。当一个元素的某个样式属性同时受几个样式影响时，将以优先级高的为准。

3．CSS样式的语法规则

CSS样式的语法规则由选择器和声明两部分组成，CSS样式的语法规则为：选择符{属性1:属性1值;属性2:属性2值……}。其中，选择器是表示已设置格式元素的术语，如body、table、tr、ol、p、类名、ID名等；声明则用于定义样式的属性，通过CSS语法规则可看出，声明由属性和值两部分组成。在图6-2所示的代码中，body为选择器，{}中的内容为声明块。图中代码表示HTML中\<body\>\</body\>标签内的所有内容的"外边距"为"0"，"内边距"为"0"，"字号"为"12点"，"字体"为"宋体"，"行高"为"18点"，"背景颜色"为"#F00"。

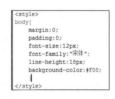

图6-2　CSS样式的语法

4．CSS样式的类别

在Dreamweaver中，CSS样式有"类CSS样式""ID CSS样式""标签CSS样式""复合内容CSS样式"4种。

- **类CSS样式**：类CSS样式可以定义任何标签的样式，并可同时应用于多个对象，是较为常用的定义方式。

- **ID CSS样式**：ID CSS样式可以定义网页中不同ID名称的对象的样式，不能应用于多个对象，只能应用在具有该ID名称的对象上。

- **标签CSS样式**：标签CSS样式可定义标签的样式，网页所有具有标签CSS样式的对象都会自动应用标签CSS样式。

- **复合内容CSS样式**：复合内容CSS样式主要定义超链接的各种状态效果的样式，复合内容CSS样式设置好后，将自动应用到网页中创建的所有超链接对象上。

5．"CSS样式"面板的用法

CSS样式的使用离不开"CSS样式"面板，在学习CSS样式之前，有必要了解"CSS样式"面板的用法。执行【窗口】/【CSS样式】菜单命令或按【Shift+F11】组合键打开"CSS样式"面板，如图6-3所示，各参数的作用如下。

图6-3　"CSS样式"面板

- **全部按钮**：单击全部按钮，显示当前网页中创建的所有CSS样式。

- **当前按钮**：单击当前按钮，显示当前选择的CSS样式的详细信息。

- **"所有规则"栏**：显示当前网页中创建的所有CSS样式规则。

- **"属性"栏**：显示当前选择的CSS样式的规则定义信息。

- **"显示类别视图"按钮**：单击该按钮，可在"属性"栏中分类显示所有属性。

107

- "显示列表视图"按钮 _{Az+}：单击该按钮，可在"属性"栏中按字母顺序显示所有属性。
- "只显示设置属性"按钮 _{**+↓}：单击该按钮，只显示设定了值的属性。
- "附加样式表"按钮 ：单击该按钮，可链接外部CSS文件。
- "新建CSS规则"按钮 ：单击该按钮，可新建CSS样式。
- "编辑样式"按钮 ：单击该按钮，可编辑选择的CSS样式。
- "禁用CSS样式规则"按钮 ：单击该按钮，可禁用或启用"属性"栏中所选的CSS样式规则。
- "删除CSS规则"按钮 ：单击该按钮，可删除选择的CSS样式规则。

6.1.2　CSS样式的各种属性设置

CSS样式包含9个类别的属性设置，每个类别又涉及许多参数，因此在创建和设置CSS样式之前，需要系统了解所有CSS样式属性的作用。双击"CSS样式"面板顶部窗格中的现有规则或属性，可打开CSS规则定义对话框。

1．设置"类型"属性

在CSS规则定义对话框左侧的"分类"列表框中选择"类型"选项，可在对话框右侧设置CSS"类型"属性，如图6-4所示。各参数的作用如下。

图6-4　设置CSS样式的"类型"属性

- "Font-family"下拉列表框：设置文本的字体。
- "Font-size"下拉列表框：选择或输入字号来设置文本的字体大小。
- "Font-weight"下拉列表框：选择或输入数值来设置文本的粗细程度。
- "Font-style"下拉列表框：设置字体样式，有"normal"（正常）、"italic"（斜体）、"obliquec"（偏斜体）3个选项。
- "Font-variant"下拉列表框：设置文本的变形方式，有"normal""small-caps"两个选项。
- "Line-height"下拉列表框：选择或输入数值来设置文本的行高。
- "Text-transform"下拉列表框：选择文本的大小写方式。
- "Text-decoration"栏：单击选中相应的复选框可改变文本效果，如添加下划线、上划线、删除线，闪烁，无效果等。
- "Color"栏：单击颜色按钮或在文本框中输入颜色编码设置文本颜色。

2．设置"背景"属性

在CSS规则定义对话框左侧的"分类"列表框中选择"背景"选项，可在对话框右侧设置"背景"属性，如图6-5所示。各参数的作用如下。

- "Background-color"栏：单击颜色按钮或在文本框中输入颜色编码来设置网页背景颜色。

图6-5　设置CSS样式的"背景"属性

- "Background-image"下拉列表框：单击 浏览... 按钮，可在打开的"选择图像源文件"对话框中选择背景图像。
- "Background-repeat"下拉列表框：选择背景图像的重复方式。
- "Background-attachment"下拉列表框：设置背景图像是固定在原始位置还是随内容滚动。
- "Background-position（X）"下拉列表框：设置背景图像相对于对象的水平位置。
- "Background-position（Y）"下拉列表框：设置背景图像相对于对象的垂直位置。

3．设置"区块"属性

在CSS规则定义对话框左侧的"分类"列表框中选择"区块"选项，可在对话框右侧设置"区块"属性，如图6-6所示。各参数的作用如下。

- "Word-spacing"下拉列表框：选择或直接输入单词之间的间隔距离，右侧的下拉列表框用于设置数值的单位。

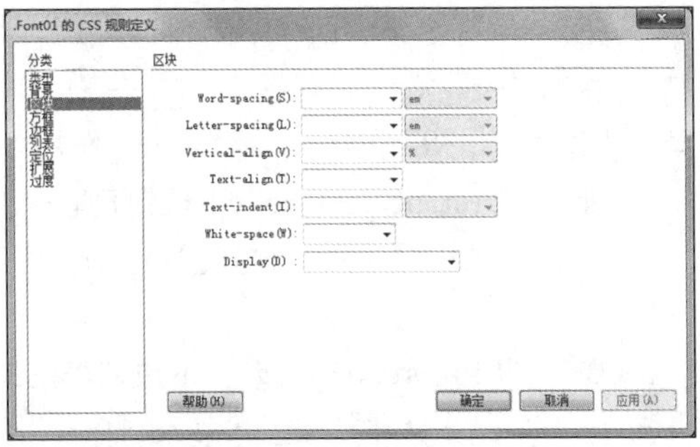

图6-6　设置CSS样式的"区块"属性

- "Letter-spacing"下拉列表框：选择或直接输入字母间的间距，右侧的下拉列表框用于设置数值的单位。
- "Vertical-align"下拉列表框：选择指定元素相对于父级元素在垂直方向上的对齐方式。
- "Text-align"下拉列表框：选择文本在应用样式元素后的对齐方式。
- "Text-indent"文本框：直接输入数值设置首行的缩进距离，右侧的下拉列表框用于设置数值的单位。
- "White-space"下拉列表框：设置处理空格的方式。
- "Display"下拉列表框：指定是否显示和如何显示元素。

4．设置"方框"属性

在CSS规则定义对话框左侧的"分类"列表框中选择"方框"选项，可在对话框右侧设置"方框"属性，如图6-7所示。各参数的作用如下。

- "Width"下拉列表框：设置元素的宽度。
- "Height"下拉列表框：设置元素的高度。
- "Float"下拉列表框：设置元素的文本环绕方式。

图6-7　设置CSS样式的"方框"属性

- "Clear"下拉列表框：设置元素的某一边不允许其他元素浮动。
- "Padding"栏：设置元素内容与元素边框的间距。
- "Margin"栏：设置元素的边框与另一个元素的间距。

5．设置"边框"属性

在CSS规则定义对话框左侧的"分类"列表框中选择"边框"选项，可在对话框右侧设置"边框"属性，如图6-8所示。各参数的作用如下。

● "Style" 栏：设置元素上、下、左、右的边框样式。
● "Width" 栏：设置元素上、下、左、右的边框宽度。
● "Color" 栏：设置元素上、下、左、右的边框颜色。

6. 设置"列表"属性

在CSS规则定义对话框左侧的"分类"列表框中选择"列表"选项，可在对话框右侧设置"列表"属性，如图6-9所示。各参数的作用如下。

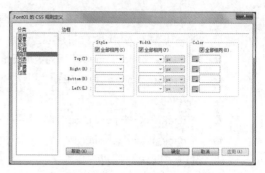

图6-8　设置CSS样式的"边框"属性

● "List-style-type"下拉列表框：选择无序列表框的项目符号类型及有序列表框的编号类型。
● "List-style-image"下拉列表框：单击"浏览文件"按钮 浏览，打开"选择图像源文件"对话框，选择作为无序列表框的项目符号的图像。

图6-9　设置CSS样式的"列表"属性

● "List-style-Position"下拉列表框：设置列表框文本是否换行和缩进。其中"inside"选项表示当列表框过长而自动换行时不缩进；"outside"选项表示当列表框过长而自动换行时以缩进方式显示。

7. 设置定位属性

在CSS规则定义对话框左侧的"分类"列表框中选择"定位"选项，可在对话框右侧设置"定位"属性，如图6-10所示。部分参数的作用如下。

● "Position"下拉列表框：设置定位方式，其中"absolute"选项是相对于第一个父对象定位，"fixed"选项是相对于浏览器窗口定位，"relative"选项是相对于当前位置定位，"static"选项为默认值，即不改变对象位置。
● "Visibility"下拉列表框：设置AP元素的显示方式，其中"inherit"选项表示将继承父AP元素的可见性属性，如果没有父AP元素，则默认元素可

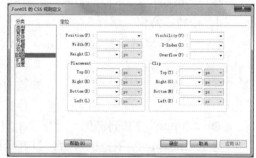

图6-10　设置CSS样式的"定位"属性

见；"visible"选项将显示AP元素的内容；"hidden"选项将隐藏AP元素的内容。
● "Z-Index"下拉列表框：设置AP元素的堆叠顺序，其中编号较大的AP元素显示在编号较小的AP元素上面。
● "Overflow"下拉列表框：设置AP元素的内容超出AP元素大小时的处理方式，其中"visible"选项将使AP元素向右下方扩展，并且所有内容都可见；"hidden"选项将保持AP元素的大小并剪辑任何超出的内容；"scroll"选项表示不论AP元素的内容是否超出AP元素的大小，都会在AP元素中添加滚动条；"auto"选项表示AP元素的内

容超出AP元素的边界时显示滚动条。

● "Placement"栏：设置AP元素的位置和大小。

● "Clip"栏：设置AP元素的可见部分。

8. 设置"扩展"属性

在CSS规则定义对话框左侧的"分类"列表框中选择"扩展"选项，可在对话框右侧设置"扩展"属性，如图6-11所示。各参数的作用如下。

● "分页"栏：控制打印时在CSS样式的网页元素之前或之后分页。

● "Cursor"下拉列表框：设置鼠标指针移动到应用CSS样式的网页元素上时显示的图像。

● "Filter"下拉列表框：为应用CSS样式的网页元素添加特殊的滤镜效果。

9. 设置"过渡"属性

在CSS规则定义对话框左侧的"分类"列表框中选择"过渡"选项，可在对话框右侧设置"过渡"属性，如图6-12所示。部分参数的作用如下。

图6-11　设置CSS样式的"扩展"属性

● "所有可动画属性"复选框：单击选中该复选框，"属性"栏将不可用，并为网页中的所有动画属性设置相同的参数。

● "属性"栏：若取消选中"所有可动画属性"复选框，则可单击➕按钮添加需要的属性，单击➖按钮删除不需要的属性。

● "持续时间"文本框：设置动画的持续时间，可在右侧的下拉列表框中选择时间的单位，包括"s"和"ms"两种。

● "延迟"文本框：设置动画的延迟时间，可在右侧的下拉列表框中选择时间的单位。

图6-12　设置CSS样式的"过渡"属性

6.1.3　创建与应用CSS样式

在Dreamweaver中，创建CSS样式的方法有很多，本小节将介绍较常用的使用"CSS样式"面板创建CSS样式的操作。

1. 认识CSS样式创建的位置

在Dreamweaver中创建CSS样式需要注意创建的CSS样式存放的位置。CSS样式可以放置在当前网页中，也可以作为单独的文件保存在网页外部。放置在当前网页中的CSS样式只能应用在当前网页的元素上；作为单独文件保存的CSS样式可通过链接的方式应用到多个网页中。

2．创建并应用类CSS样式

类CSS样式可以应用到任意网页元素中，但需要手动为这些元素应用对应的样式。下面在"rxjp.html"网页中创建并应用多个类CSS样式，具体操作如下。

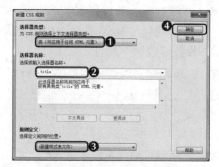

微课视频

创建并应用类CSS样式

（1）打开"rxjp.html"网页文件，在"CSS样式"面板中单击"新建CSS规则"按钮，如图6-13所示。

（2）打开"新建 CSS 规则"对话框，在上方的"选择器类型"下拉列表框中选择"类（可应用于任何 HTML 元素）"选项，在"选择器名称"下拉列表框中输入".title"，在下方的"规则定义"下拉列表框中选择"（新建样式表文件）"选项，单击 确定 按钮，如图6-14所示。

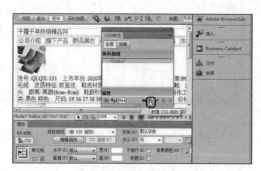

图6-13　新建CSS样式（一）

图6-14　设置CSS样式的类型、名称和位置（一）

（3）打开"将样式表文件另存为"对话框，在"保存在"下拉列表框中设置文件保存的位置，在"文件名"文本框中输入文本"ys01"，单击 保存(S) 按钮，如图6-15所示。

（4）打开CSS规则定义对话框，在"分类"列表框中选择"类型"属性，设置字体为"华文行楷"，字号为"36px"，行距为"80px"，颜色为"#FF0075"，单击 确定 按钮，如图6-16所示。

图6-15　保存CSS样式表

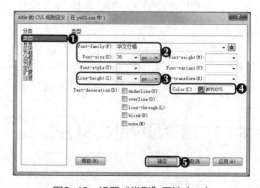

图6-16　设置"类型"属性（一）

（5）因为定义的选择器名称是已有的"title"选项，所以网页将自动应用CSS样式，单击"CSS样式"面板中的"新建CSS样式"按钮，如图6-17所示。

（6）打开"新建 CSS 规则"对话框，在"选择器名称"下拉列表框中输入文本".tb"，单击 确定 按钮，如图6-18所示。

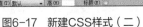

图6-17 新建CSS样式（二）

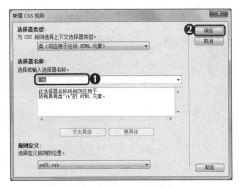

图6-18 设置CSS样式名称（一）

（7）打开CSS规则定义对话框，在"分类"列表框中选择"背景"属性，将背景颜色设置为"#FFD8CC"，单击 确定 按钮，如图6-19所示。

（8）此时网页应用该CSS样式，单击"CSS样式"面板中的"新建CSS样式"按钮 ，如图6-20所示。

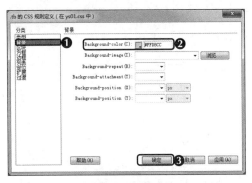

图6-19 设置"背景"属性（一）

图6-20 新建CSS样式（三）

（9）打开"新建 CSS 规则"对话框，在"选择器名称"下拉列表框中输入".daohang"，单击 确定 按钮，如图6-21所示。

（10）打开CSS规则定义对话框，在"分类"列表框中选择"类型"属性，设置字体为"思源黑体"，字号为"14px"，颜色为"#FFF"，如图6-22所示。

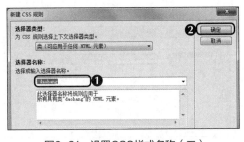

图6-21 设置CSS样式名称（二）

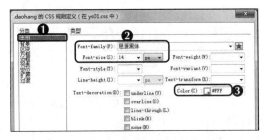

图6-22 设置"类型"属性（二）

（11）在"分类"列表框中选择"背景"属性，将背景颜色设置为"#B34756"，如图6-23所示。

（12）在"分类"列表框中选择"区块"属性，将文本对齐方式设置为"center"，单击 确定 按钮，如图6-24所示。

Dreamweaver CS6 网页设计立体化教程
（微课版）（第2版）

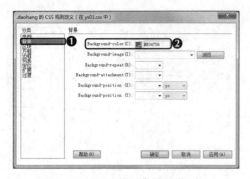

图6-23 设置"背景"属性（二）　　　　图6-24 设置"区块"属性（一）

（13）此时，导航栏部分自动应用该CSS样式，再次单击"CSS样式"面板中的"新建CSS样式"按钮![btn]，如图6-25所示。

（14）打开"新建 CSS 规则"对话框，在"选择器名称"下拉列表框中输入文本".copy"，单击![确定]按钮，如图6-26所示。

图6-25 新建CSS样式（四）　　　　图6-26 设置CSS样式的类型和名称（一）

（15）打开CSS规则定义对话框，在"分类"列表框中选择"类型"属性，设置字号为"12px"，行距为"30px"，单击选中"underline(U)"复选框，设置颜色为"#FFF"，如图6-27所示。

（16）在"分类"列表框中选择"背景"属性，设置背景颜色为"#B34756"，如图6-28所示。

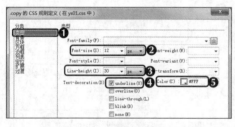

图6-27 设置"类型"属性（三）　　　　图6-28 设置"背景"属性（三）

（17）在"分类"列表框中选择"区块"属性，将文本对齐方式设置为"center"，单击![确定]按钮，如图6-29所示。

（18）此时表格的最后一行应用该CSS样式，应用后的效果如图6-30所示。

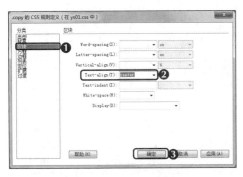
图6-29 设置"区块"属性（二）

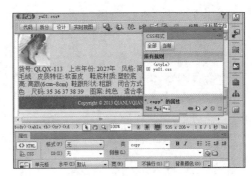
图6-30 应用样式后的效果

3．创建并应用ID CSS样式

ID CSS样式可以为所有具有对应ID名称的元素自动应用具体的样式。使用时首先为元素设置ID名称，如"01"，然后新建CSS样式。在"新建CSS样式"对话框的"选择器类型"下拉列表框中选择"ID（仅应用于一个HTML元素）"选项，在"选择器名称"下拉列表框中输入"#01"，代表新建的样式应用于所有ID为"01"的HTML元素，最后设置CSS样式。确认后相应元素将自动应用该CSS样式，如图6-31所示。

图6-31 创建并应用ID CSS样式

> **知识提示**
>
> **创建样式时的注意事项**
>
> 在创建类CSS样式时，输入选择器名称前必须输入"."，这是类CSS样式区别于其他CSS样式的标志；输入"#"，表示创建的是ID CSS样式；若不输入任何字符，则表示创建的是标签CSS样式。

4．创建并应用标签CSS样式

标签CSS样式可以自动应用到网页中所有具有该标签的元素上。下面以在"rxjp.html"网页中创建"body"和"img"标签CSS样式为例，介绍创建与应用标签CSS样式的方法，具体操作如下。

微课视频

创建并应用标签 CSS 样式

（1）在"CSS样式"面板中单击"新建CSS样式"按钮 ，如图6-32所示。

（2）打开"新建 CSS 规则"对话框，在"选择器类型"下拉列表框中选择"标签（重新定义HTML元素）"选项，在"选择器名称"下拉列表框中输入"body"，在"规则定义"下拉列表框中选择"ys01.css"，单击 确定 按钮，如图6-33所示。

115

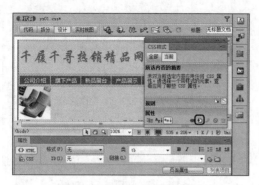

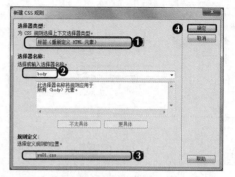

图6-32　新建CSS样式（五）　　　　　图6-33　设置CSS样式的类型、名称和位置（二）

（3）打开CSS规则定义对话框，在"分类"列表框中选择"类型"属性，设置字号为"12px"，字体颜色为"#FF0075"，如图6-34所示。

（4）在"分类"列表框中选择"背景"属性，设置背景颜色为"#B30053"，如图6-35所示。

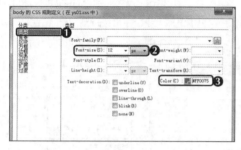

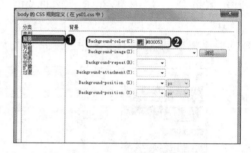

图6-34　设置"类型"属性（四）　　　　　图6-35　设置"背景"属性（四）

（5）在"分类"列表框中选择"区块"属性，设置文字对齐方式为"justify"，单击 确定 按钮，如图6-36所示。

（6）此时<body>标签对象应用CSS样式。再次单击"CSS样式"面板中的"新建CSS样式"按钮，如图6-37所示。

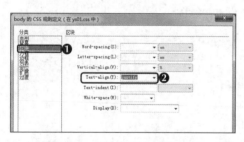

图6-36　设置"区块"属性（三）　　　　　图6-37　新建CSS样式（六）

（7）打开"新建 CSS 规则"对话框，在"选择器类型"下拉列表框中选择"标签（重新定义HTML元素）"选项，在"选择器名称"下拉列表框中输入文本"img"，单击 确定 按钮，如图6-38所示。

（8）在"分类"列表框中选择"边框"属性，单击选中"全部相同"复选框，设置边框样式为"outset"，边框宽度为"2px"，边框颜色为"#FF0075"，如图6-39所示。

（9）在"分类"列表框中选择"方框"属性，设置方框宽度和高度均为"55px"，环绕方式为"left"，填充均为"2px"，上边界、右边界、下边界和左边界分别为"14px"

"5px""15px""2px",单击 确定 按钮,如图6-40所示。

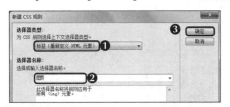

图6-38 设置CSS样式的类型和名称（二）

图6-39 设置"边框"属性

（10）此时网页中的所有<img>标签均自动应用CSS样式,应用后的效果如图6-41所示。

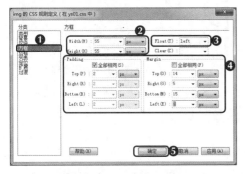

图6-40 设置"方框"属性（一）

图6-41 自动应用CSS样式的效果

5．创建并应用复合内容CSS样式

复合内容CSS样式可以统一设置网页中的所有超链接元素,包括超链接访问前后、鼠标指针移动和单击等各种状态。下面在"rxjp.html"网页中创建并应用复合内容CSS样式,具体操作如下。

（1）在"CSS样式"面板中单击"新建CSS样式"按钮 ,如图6-42所示。

（2）打开"新建CSS规则"对话框,在"选择器类型"下拉列表框中选择"复合内容（基于选择的内容）"选项,在"选择器名称"下拉列表框中选择"a:link"选项,在"规则定义"下拉列表框中选择"ys01.css",单击 确定 按钮,如图6-43所示。

微课视频

创建并应用复合内容
CSS 样式

图6-42 新建CSS样式（七）

图6-43 设置CSS样式的类型、名称和位置（三）

（3）打开CSS规则定义对话框,在"分类"列表框中选择"类型"属性,设置字号为"12px",字体颜色为"#FFF",单击选中"none(N)"复选框,取消超链接的下划线格式,单击 确定 按钮,如图6-44所示。

（4）新建CSS样式，打开"新建CSS规则"对话框，设置类型为"复合内容（基于选择的内容）"，在"选择器名称"下拉列表框中选择"a:visited"选项，单击 确定 按钮，如图6-45所示。

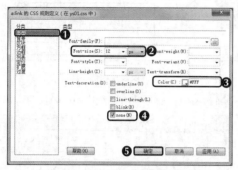

图6-44　设置"类型"属性（五）

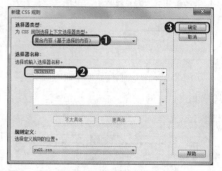

图6-45　设置CSS样式的类型和名称（三）

（5）打开CSS规则定义对话框，在"分类"列表框中选择"类型"属性，设置字号为"12px"，字体颜色为"#FFF"，单击选中"none(N)"复选框，单击 确定 按钮，如图6-46所示。

（6）新建CSS样式，打开"新建 CSS 规则"对话框，设置类型为"复合内容（基于选择的内容）"，在"选择器名称"下拉列表框中选择"a:hover"选项，单击 确定 按钮，如图6-47所示。

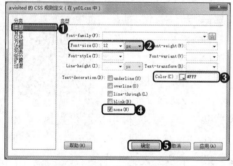

图6-46　设置"类型"属性（六）

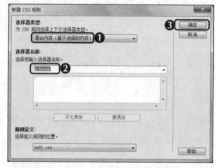

图6-47　设置CSS样式的类型和名称（四）

（7）打开CSS规则定义对话框，在"分类"列表框中选择"背景"属性，设置背景颜色为"#F39"，如图6-48所示。

（8）在"分类"列表框中选择"方框"属性，设置四周的填充距离均为"10px"，单击 确定 按钮，如图6-49所示。

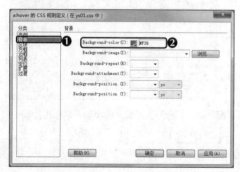

图6-48　设置"背景"属性（五）

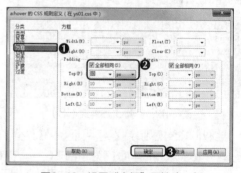

图6-49　设置"方框"属性（二）

（9）完成超链接CSS样式的设置，保存网页，如图6-50所示。

（10）按【F12】键预览网页效果，将鼠标指针移至导航栏上时，所指对象将呈高亮状态显示，效果如图6-51所示。

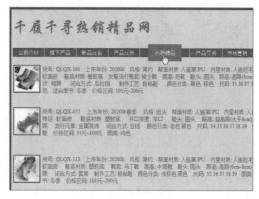

图6-50　保存设置　　　　　　　　　　　　图6-51　预览效果

6.1.4　编辑CSS样式

要重新编辑已创建的CSS样式，只需编辑CSS样式选项。在Dreamweaver中，可直接在"CSS样式"面板中修改，也可打开CSS规则定义对话框进行修改。

1．在"CSS样式"面板中编辑

要更改当前CSS样式的某个属性，如更改".title"CSS样式中的字体颜色，只需选择"CSS样式"面板中"所有规则"列表框中的".title"选项，并在下方的"属性"栏中选择需更改的字体颜色对应的"color"选项，接着选择该属性右侧的具体内容，激活属性设置，完成属性更改，如图6-52所示。

图6-52　直接在面板中修改属性

2．利用"CSS规则定义"对话框重新编辑

在"CSS规则定义"对话框中也可以修改样式属性。下面以在"rxjp.html"网页中更改鼠标指针移至超链接上时显示的高亮区域宽度为例，介绍在"CSS规则定义"对话框中修改CSS样式的方法，具体操作如下。

（1）在"CSS样式"面板中的"所有规则"列表框中选择"a:hover"选项，单击下方的"编辑样式"按钮，如图6-53所示。

（2）打开"CSS规则定义"对话框，在"分类"列表框中选择"方框"属性，取消选中"Padding"栏中的"全部相同"复选框，设置左右两边的宽度均为"15px"，单击 确定 按钮，如图6-54所示。

微课视频

利用"CSS规则定义"
对话框重新编辑

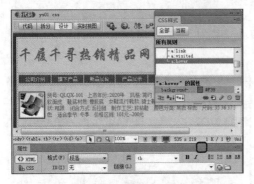

图6-53 修改CSS样式

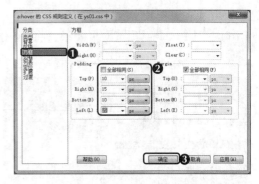

图6-54 设置"方框"属性

（3）完成CSS样式的编辑操作，保存网页，如图6-55所示。

（4）按【F12】键预览网页效果，将鼠标指针移至导航栏上时，所指对象呈现高亮区域的宽度已相应地改变了，如图6-56所示。

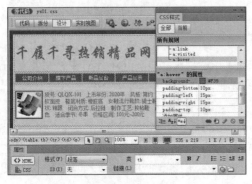

图6-55 保存设置

图6-56 预览效果

6.1.5 删除CSS样式

对于无用的CSS样式，可及时从"CSS样式"面板中删除，以便于管理样式。删除CSS样式的方法主要有以下3种。

● **利用"删除CSS规则"按钮 删除**：选择"CSS样式"面板中需删除的CSS样式选项，单击"删除CSS规则"按钮 。

● **利用快捷键删除**：选择"CSS样式"面板中需删除的CSS样式选项，按【Delete】键删除。

● **利用右键菜单删除**：在"CSS样式"面板中需删除的CSS样式选项上单击鼠标右键，在弹出的快捷菜单中执行【删除】命令。

6.2 课堂案例：制作"消费者保障"网页

在米拉能熟练使用CSS样式来控制网页风格后，老洪让米拉练习使用"盒子模型"制作"消费者保障"网页。在老洪的帮助下，米拉了解了"盒子模型"的概念，并开始着手网页制作。

现今非常流行使用盒子模型布局网页。在开始制作前，需要理解盒子模型的结构等相关知识，并掌握插入Div标签和设置CSS样式等操作。本案例完成后的参考效果如图6-57所示。

素材所在位置	素材文件\第6章\课堂案例\xfzbz
效果所在位置	效果文件\第6章\课堂案例\xfzbz.html

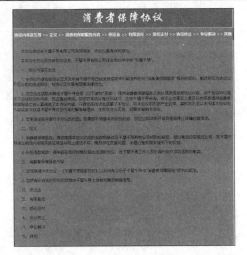

图6-57　"消费者保障"网页布局的参考效果

高清彩图

"消费者保障"网页
布局的参考效果

**行业
提示**

IE盒子模型和标准W3C盒子模型

在专业的网页设计和制作领域，大多数设计者使用盒子模型布局网页。一般来讲，专业的盒子模型有两种，分别是IE盒子模型和标准W3C盒子模型。其中，IE盒子模型的范围包括margin、border、padding、content；标准W3C盒子模型的范围包括margin、border、padding、content，并且content部分不包含其他部分。但与标准W3C盒子模型不同的是，IE盒子模型的content部分包含border和padding。

6.2.1　认识盒子模型

盒子模型就是CSS+Div布局的通俗说法，网页元素常使用盒子模型定位。下面具体介绍盒子模型的相关知识。

1．盒子模型概述

盒子模型是根据CSS样式中涉及的margin（边界）、border（边框）、padding（填充）、content（内容）建立的一种网页布局方法。图6-58所示为一个标准的盒子模型结构，左侧为代码，右侧为效果图。

代码中的相关参数如下。

● margin：margin区域主要控制盒子与其他盒子或对象间的距离，图6-58中最外层的右斜线区域是margin区域。

● border：border区域是盒子的边框，这个区域是可见的，因此可设置粗细、颜色等属性，图6-58中的红色区域是border区域。

● padding：padding区域主要控制内容与盒子边框之间的距离，图6-58中粉色区域内侧的左斜线区域是padding区域。

● content：content区域是添加内容的区域，可添加的内容包括文本、图像及动画等，图6-58中内部的图片区域是content区域。

● background-color：background-color表示背景颜色，图6-58中的蓝色区域为盒子的背景颜色。

盒子模型是用CSS+Div布局网页时非常重要的概念，只有掌握盒子模型及其中每个元素的使用方法，才能正确布局网页中各个元素的位置。

```
<div class="div1">
<img src="file:///H|//tcpg1.png" alt="" width="285" height="261" />
</div>
```

```
.div1{
    height:266px;
    width:290px;
    margin-top:10px;
    margin-right:20px;
    margin-bottom:10px;
    margin-left:20px;
    padding-top:5px;
    padding-right:10px;
    padding-bottom:5px;
    border:10px solid #C00;
    background-color:#6CC;
}
```

图6-58　盒子模型布局

盒子模型的组成

盒子模型是指将每个HTML元素当作一个可以装东西的盒子，盒子里面的内容到盒子的边框之间的距离为填充（padding），盒子本身有边框（border），而盒子边框外与其他盒子之间还有边界（margin）。每个填充或边框可分为上、下、左、右4个属性值，如margin-bottom表示盒子的下边界属性。background-image表示背景图片属性。设置Div大小时需要注意，CSS中的宽和高是指填充以内的内容范围，即一个Div元素的实际宽度为左边界+左边框+左填充+内容宽度+右填充+右边框+右边界，实际高度为上边界+上边框+上填充+内容高度+下填充+下边框+下边界。

2. float（浮动）

float属性定义元素在什么方向浮动。在CSS中，任何元素都可以浮动。无论浮动元素本身是哪种元素和哪种状态，都会生成一个块级框。需要注意的是，float是相对定位，会随着浏览器的大小和分辨率的变化而变化。浮动元素的宽度默认为auto。

float的语法格式为"float:none/left/right"，相关声明如下。

● float值为none或没有设置float时，元素不会发生任何浮动，此时，块元素独占一行，紧随其后的块元素将在新行中显示。图6-59所示的代码没有设置Div的float属性，每个Div都单独占用一行，如图6-60所示。

图6-59　样式代码

图6-60　没有设置float属性的效果

- float值为left时，表示设置元素向左浮动，其后的块元素紧跟其后在同一行并列显示。
- float值为right时，表示设置元素向右浮动。

对图6-59中的代码进行修改，如对da元素应用float:left设置后，可以看到da元素向左浮动，而db元素在水平方向紧跟其后，两个Div共用一行，并排显示，如图6-61所示。

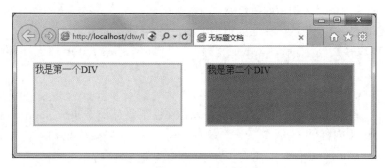

图6-61　设置float属性后的效果

3．position（定位）

在CSS布局中，要实现任意移动位置、覆盖在其他对象上面等特殊效果时，需要使用position完成。position允许用户精确定义元素与其他对象的相对位置，可以相对于元素常出现的位置、相对于元素的上级元素、相对于另一个元素或相对于浏览器本身。

position的语法为"position:static/absolute/fixed/relative"，相关声明如下。

- static表示默认，无特殊定位，元素要遵循HTML定位规则。
- absolute表示绝对定位，需同时使用left、right、top和bottom等属性。层叠对象通过z-index属性定义，这时，对象不具有边框，但仍然有填充和边框。
- fixed表示当网页滚动时，元素保持在浏览器视图窗口内。
- relative表示采用相对定位，元素不可层叠，但可通过设置left、right、top和bottom等属性在网页中偏移元素位置。

4．margin（边界）

margin表示元素与元素之间的距离，设置盒子模型的边界距离时，可以设置margin的top、bottom、right和left。margin对应的属性如下。

- top：用于设置元素上边距的边界值。
- bottom：用于设置元素下边距的边界值。
- right：用于设置元素右边距的边界值。
- left：用于设置元素左边距的边界值。

在Dreamweaver CS6中，可以在CSS规则定义对话框中选择"方框"属性，在对话框右侧的"Margin"栏中设置margin。但当标签的类型与嵌套的关系不同时，相邻元素之间的边距也不相同，可分为以下3种情况。

- **行内元素相邻**：当两个行内元素相邻时，元素之间的距离是第一个元素的边界值与第二个元素的边界值之和。
- **父子关系**：是指存在嵌套关系的元素，元素之间的间距值是相邻两个元素之和。
- **产生换行效果的块级元素**：如果没有定位块元素的位置，而只产生换行效果，则相邻两个元素的间距由边界值较大的元素的值决定。

5．border（边框）

border用于设置网页元素的边框，可分离元素。border的属性主要包括color、width、style，具体介绍如下。

● **color属性**：用于设置border的颜色，设置方法与设置文本的color属性相同，但设置时一般采用十六进制，如黑色为"#000000"。

● **width属性**：用于设置border的粗细程度，值包括medium、thin、thick、length。

● **style属性**：用于设置border的样式，值包括dashed、dotted、double、groove、hidden、inherit、none、solid。

6．padding（填充）

padding用于设置content与border之间的距离，属性主要有top、right、bottom、left。

7．content（内容）

content是盒子包含的内容，是网页展示给用户浏览的内容。content可以是网页中包含块元素、行内元素、HTML的任一元素，如文本、图像等。

6.2.2　盒子模型的布局优势

盒子模型利用CSS样式和Div标签实现布局网页，因此盒子模型具备以下优势。

● **网页加载速度更快**：使用CSS+Div布局的网页，因Div是一个松散的盒子而使网页可以一边加载一边显示出网页内容；而使用表格布局的网页必须将整个表格加载完成后才能显示出网页内容。

● **修改效率更高**：使用CSS+Div布局的网页，外观与结构是分离的，当需要修改网页外观时，只需要修改CSS规则，从而快速统一地修改应用了该CSS规则的Div。

● **搜索引擎更容易检索**：使用CSS+Div布局，由于网页外观与结构分离，当使用搜索引擎检索时，可以不考虑网页结构而只专注网页内容，因此更易于检索。

● **站点更容易被访问**：使用CSS+Div布局，可使站点更容易被各种浏览器和用户访问，如手机和掌上电脑等。

● **网页简洁**：内容与表现分离，将设计部分分离出来放在独立的样式文件中，可以减少网页代码、提高网页的加载速度、降低带宽成本。

● **提高设计者的设计速度**：CSS具有强大的字体控制和排版能力，且CSS代码可像HTML代码一样轻松编写；另外，以前一些必须通过JavaScript脚本才能实现的功能，现在可利用CSS样式轻松实现，并且CSS样式能轻松控制网页的布局。

6.2.3　利用CSS+Div布局网页

认识盒子模型后，可利用Div标签和CSS规则对网页进行布局和制作。

1．插入Div标签

微课视频

插入 Div 标签

利用"插入"面板可以在网页中非常方便地插入若干Div标签。下面在"xfzbz.html"网页中插入"top""above""middle""low"4个Div标签，具体操作如下。

（1）打开"xfzbz.html"网页文件，在"插入"面板中选择"布局"选项，然后选择"插入 Div 标签"选项，如图6-62所示。

（2）打开"插入Div标签"对话框，在"ID"下拉列表框中输入文本"top"，单击 新建 CSS 规则按钮，如图6-63所示。

图6-62　插入Div标签（一）

图6-63　输入Div的ID

（3）打开"新建CSS规则"对话框，直接单击 确定 按钮，如图6-64所示。

（4）打开CSS规则定义对话框，在"分类"列表框中选择"方框"属性，设置宽度和高度分别为"680px"和"800px"，左、右边界均为"auto"，单击 确定 按钮，如图6-65所示。

图6-64　新建CSS规则

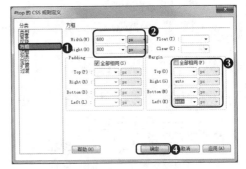

图6-65　设置top Div的"方框"属性

（5）返回"插入Div标签"对话框，单击 确定 按钮在网页中创建Div标签，如图6-66所示。

（6）删除该标签中预设的文本内容。在"插入"面板中选择"插入Div标签"选项。

（7）打开"插入Div标签"对话框，在"ID"下拉列表框中输入文本"above"，单击 新建CSS规则 按钮，打开"新建CSS规则"对话框，直接单击 确定 按钮。

（8）打开CSS规则定义对话框，在"分类"列表框中选择"方框"属性，设置宽度为"100%"，上、下填充均为"10px"，将左、右边界均设置为"auto"，单击 确定 按钮，如图6-67所示。

图6-66　插入Div标签（二）

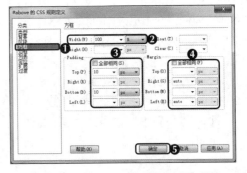

图6-67　设置above Div的"方框"属性

125

（9）此时在top Div中嵌入了一个above Div。在该标签外部单击重新定位插入点，然后在"插入"面板中选择"插入 Div 标签"选项，如图6-68所示。

（10）插入middle Div标签，设置与步骤（8）中相同的"方框"属性，如图6-69所示。

图6-68　插入Div标签（三）

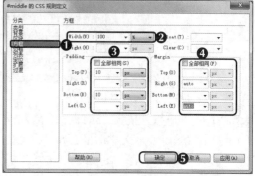

图6-69　设置middle Div的"方框"属性

（11）最后插入low Div标签，设置与middle Div标签相同的"方框"属性，如图6-70所示。

（12）确认后完成布局，效果如图6-71所示。

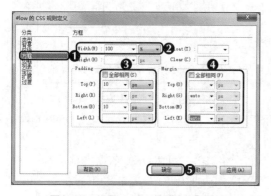

图6-70　设置low Div的"方框"属性

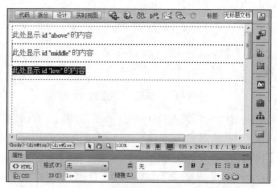

图6-71　完成Div标签的创建

2．设置CSS样式

插入Div标签之后，用户可根据实际需要修改Div标签格式，此时只需更改对应的CSS样式。下面以在"xfzbz.html"网页中设置Div标签的CSS样式为例，介绍更改Div标签CSS样式的方法，具体操作如下。

微课视频

设置 CSS 样式

（1）在above Div标签中输入文本内容，在"CSS样式"面板的"所有规则"列表框中选择"#above"选项，单击下方的"编辑样式"按钮，如图6-72所示。

（2）打开CSS规则定义对话框，在"分类"列表框中选择"类型"属性，设置字体为"华文行楷"，字号为"36px"，字体颜色为"#FFF"，如图6-73所示。

图6-72 输入文本内容

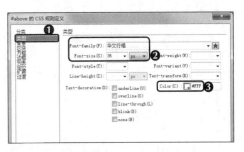

图6-73 设置"类型"属性（一）

（3）在"分类"列表框中选择"背景"属性，设置背景颜色为"#F06"，如图6-74所示。

（4）在"分类"列表框中选择"区块"属性，设置对齐方式为"center"，单击 确定 按钮，如图6-75所示。

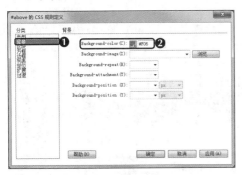

图6-74 设置"背景"属性（一）

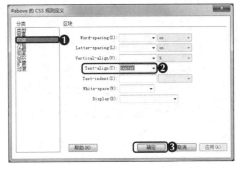

图6-75 设置"区块"属性（一）

（5）此时above Div标签将应用设置的CSS样式。在middle Div标签中删除预设的文本内容，并输入需要的文本。

（6）在"CSS样式"面板的"所有规则"列表框中选择"#middle"属性，单击下方的"编辑样式"按钮 ，如图6-76所示。

（7）打开CSS规则定义对话框，在"分类"列表框中选择"类型"属性，设置字号为"12px"，字体粗细为"bold"，字体颜色为"#FFF"，如图6-77所示。

图6-76 应用样式（一）

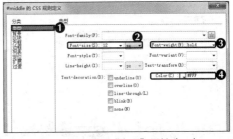

图6-77 设置"类型"属性（二）

（8）在"分类"列表框中选择"背景"属性，设置背景颜色为"#F69"，如图6-78所示。

（9）在"分类"列表框中选择"区块"属性，设置对齐方式为"center"，如图6-79所示。

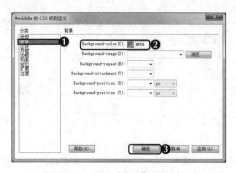

图6-78 设置"背景"属性（二）

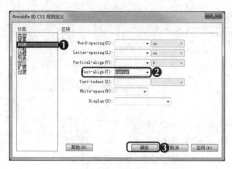

图6-79 设置"区块"属性（二）

（10）在"分类"列表框中选择"边框"属性，设置样式为"outset"，宽度为"1px"，颜色为"#FFF"，单击 确定 按钮，如图6-80所示。

（11）此时middle Div标签将应用设置的CSS样式。在low Div标签中删除预设的文本内容，并输入需要的文本。

（12）在"CSS样式"面板的"所有规则"列表框中选择"#low"属性，单击下方的"编辑样式"按钮 ，如图6-81所示。

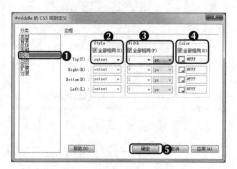

图6-80 设置"边框"属性

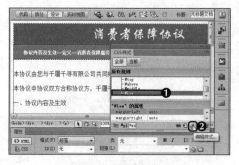

图6-81 应用样式（二）

（13）打开CSS规则定义对话框，在"分类"列表框中选择"类型"属性，设置字号为"12px"，如图6-82所示。

（14）在"分类"列表框中选择"背景"属性，设置背景颜色为"#F69"，如图6-83所示。

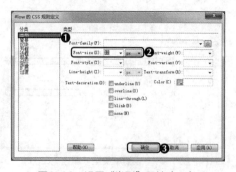

图6-82 设置"类型"属性（三）

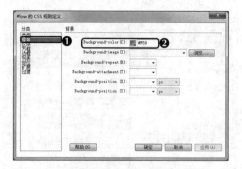

图6-83 设置"背景"属性（三）

（15）在"分类"列表框中选择"区块"属性，设置文本缩进距离为"25 pixels"，单击 确定 按钮，如图6-84所示。

（16）完成设置，此时low Div标签将应用设置的CSS样式，完成后的效果如图6-85所示。

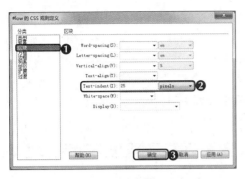

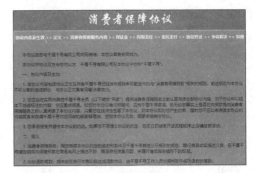

图6-84 设置"区块"属性（三）　　　　图6-85 设置CSS样式后的Div标签

6.3 项目实训

6.3.1 制作"花店"网页

1．实训目标

本实训需要为花店制作网上销售网页。花店网页在制作时涉及许多元素的布局，为了方便统一效果，应采用CSS+Div布局该网页。首先在新建的空白区域插入Div标签进行布局，再使用CSS+Div对插入的标签进行布局，最后为Div标签添加CSS样式，定位添加的标签并设置相应的属性。通过本实训，设计者可以进一步掌握使用CSS+Div统一网页风格的方法，完成后的效果如图6-86所示。

素材所在位置　素材文件\第6章\项目实训\flower
效果所在位置　效果文件\第6章\项目实训\flower\flower.html

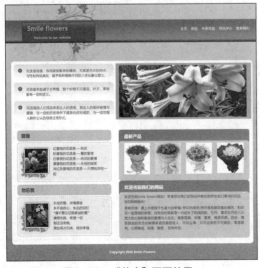

图6-86 "花店"网页效果

2．专业背景

设计者为了提高工作效率，通常会在代码视图中手动输入代码编辑网页，采用这种方法制作出来的网页文件减少了很多冗余代码，文件较小，加载速度快。当然，对于大部分初学的设计者来说，熟练运用HTML有一定的难度。因此，设计者可以利用Dreamweaver提供的代码提示功能，在代码视图中快速输入相关的标签和CSS属性。

3．操作思路

完成本实训需要先添加3个Div标签分割网页，网页大致布局完成后，利用CSS+Div控制整个网页风格，操作思路如图6-87所示。

①添加Div标签布局网页

②利用CSS样式控制布局

图6-87　制作"花店"网页的操作思路

【步骤提示】

（1）新建一个空白HTML网页文件，保存为"flowers.html"，将插入点定位到网页的空白区域中，执行【插入】/【布局对象】/【Div标签】菜单命令，打开"插入Div标签"对话框。

（2）新建一个类名称为"main"的CSS规则，然后删除Div标签中的内容，再在Div标签中依次插入4个Div标签，并分别命名为"main_head""main_banner""main_center""main_bottom"。

（3）按【Shift+F11】组合键打开"CSS样式"面板，单击全部按钮，在打开的下拉列表框中选择"main"样式，在"CSS样式"的"'#main'的属性"选项卡下单击⊞按钮，展开"方框"属性，分别设置"width"和"margin"为"887px"和"auto"。

（4）使用相同的方法编辑其他CSS属性，在代码视图中将插入点定位到<Div class="main_head"></Div>标签之间，插入3个Div标签，分别命名为"main_head_logo""main_head_menu""cleaner"，在不同的Div标签中嵌套其他标签并输入内容。

（5）分别在标签中设置相关的CSS样式，并添加图像。

6.3.2　制作"公司文化"网页

1．实训目标

本实训需要制作果蔬网的"公司文化"网页，要求使用Div标签布局网页，使用CSS样式统一网页风格，完成后的效果如图6-88所示。

素材所在位置　素材文件\第6章\项目实训\gswh
效果所在位置　效果文件\第6章\项目实训\gswh\gswlgswh.html

图6-88　"公司文化"网页效果

2．专业背景

"公司文化"网页通常是企业网站必备的一个子网页。在设计该类网页时，风格应简单大方，并使用文字搭配相关图片宣传企业。在设计时，可使用CSS样式统一网页风格，并使网页与整个网站的整体风格统一。

3．操作思路

完成本实训需要先使用Div标签布局网页，然后向Div标签中添加相关内容，并设置CSS样式统一网页风格，操作思路如图6-89所示。

① 创建Div并设置相关格式

② 添加内容并设置超链接及其CSS样式

图6-89　制作"公司文化"网页的操作思路

【步骤提示】

（1）新建一个网页文件，插入一个Div标签，将Div标签居中对齐，用于放置网页中的所有Div标签。

（2）创建其他Div标签，设置Div标签的大小和位置，并为Div标签设置一种任意的背景色，便于查看。

（3）在相关的Div标签中插入素材图像，然后使用IE浏览器测试网页效果。

（4）返回Dreamweaver，继续制作网页的导航栏等，然后制作网页的内容部分，将文字素材复制到Div标签中，并设置文本格式，设置效果可参考效果文件。

（5）制作网页的底部，添加相关超链接（空链接），完成后保存文件。

6.4 课后练习

本章主要介绍了CSS样式和Div标签的操作，主要包括认识CSS样式、CSS样式的多种属性设置、创建与应用CSS样式、编辑CSS样式、删除CSS样式、认识盒子模型、盒子模型的布局优势、利用CSS+Div布局网页等知识。本章内容与当前网页制作的主流方式紧密相关，设计者应认真学习和掌握，为在实际工作中制作主流结构的网页打下坚实基础。

练习1：美化"红驴旅游网"网页

本练习需要美化"红驴旅游网"网页，要求新建CSS样式设置网页的文本格式、图像格式和背景，完成后的效果如图6-90所示。

素材所在位置 素材文件\第6章\课后练习\红驴旅游网\index.html
效果所在位置 效果文件\第6章\课后练习\红驴旅游网\index.html

微课视频

美化"红驴旅游网"
网页

高清彩图

"红驴旅游网"
网页效果

图6-90 "红驴旅游网"网页效果

要求操作如下。

- 打开提供的网页文件，然后在网页文件中设置网页背景图片。
- 利用"CSS样式"面板创建相关的CSS样式，并将CSS样式应用到相应的标签中。

练习2：制作"教务处"网页

本练习需要制作蓉锦大学网站"教务处"网页，要求网页整齐规范、布局合理，完成后的效果如图6-91所示。

素材所在位置 素材文件\第6章\课后练习\img
效果所在位置 效果文件\第6章\课后练习\jwc\rjdxjwc.html

要求操作如下。

● 新建网页文件，然后在网页文件中创建相关的Div标签。

● 利用CSS样式调整Div标签大小，然后创建一些AP Div，并设置这些AP Div。

● 向AP Div中添加相关的内容，测试并保存网页。

图6-91　"教务处"网页效果

6.5　技巧提升

1．CSS样式的几种链接方法

CSS+Div布局是一种将内容与形式分离的布局方式，因此，CSS样式可以独立成一个文件，也可嵌入HTML文档中。CSS样式的链接方法有以下3种。

● **外部链接**：外部链接是目前网页设计行业中较常用的CSS样式链接方式，即将CSS保存为文件，与HTML文件分离，以减小HTML文件大小、加快网页加载速度。其链接方法是将网页切换到代码视图，在HTML头部的"<title></title>"标签下方输入代码"<link href="（CSS样式文件路径）"type="text/css"rel="stylesheet">"。

● **行内嵌入**：行内嵌入是指将CSS样式代码直接嵌入HTML中，这种方法不利于网页加载，且会增大文件。

● **内部链接**：内部链接是将CSS样式从HTML代码行中分离出来，直接放在HTML头部的"<title></title>"标签下方，并以<style type="text/css"></style>形式体现，本书中的CSS样式均采用这种链接方式。

2．Web 2.0标准

Web 2.0标准是指以Blog、TAG、SNS、RSS和Wiki等应用为核心，依据六度分隔、XML、AJAX等新理论和技术实现的新一代互联网模式。Web 2.0标准主要由结构、表现和行为3部分组成，对应的标准为结构化标准语言、表现标准语言和行为标准。

- **结构化标准语言**：结构化标准语言主要包括XML和XHTML。XML是可扩展标识语言，与HTML有固定的标签相比，XML允许用户定义自己的标签。XHTML是可扩展超文本标识语言，是根据XML的规则进行适当扩展得到的，目的在于实现从HTML向XML的顺利过渡。
- **表现标准语言**：表现标准语言是利用CSS控制HTML或XML标签的一种表现形式。W3C推荐使用CSS布局方法，以使Web网页更加简单，结构更加清晰。
- **行为标准**：行为标准主要包括DOM对象模型和ECMAScript等。DOM是文档对象模型，是一种浏览器、平台和语言的接口。ECMAScript是基于Netscape JavaScript的一种标准脚本语言，也是一种基于对象的语言，可以操作网页上的任何对象，包括增加、删除、移动、改变对象，使网页的交互性大大提高。

3．HTML5的新特性

HTML5将Web带入一个成熟的应用平台，这个平台规范了视频、音频、图像、动画，以及与设备的交互。

- **智能表单**：HTML5的表单设计功能更加强大，一些原本需要JavaScript实现的控件，可以直接使用HTML5的表单实现；一些功能（如内容提示、焦点处理、数据验证等），也可以通过HTML5的智能表单属性标签完成。
- **绘图画布**：HTML5的canvas元素可以实现画布功能，canvas元素通过自带的API结合JavaScript脚本在网页上绘制和处理图形，使得网页无需Flash或Silverlight等插件就能直接显示图形或动画。
- **多媒体**：HTML5增加了<audio>、<video>两个标签，可以直接在网页中添加音频、视频，且无需第三方插件（如Flash）就可以实现音视频的播放功能。HTML5对音频、视频文件的支持使得浏览器摆脱了对插件的依赖，加快了页面的加载速度，扩展了互联网多媒体技术的发展空间。
- **地理定位**：现今移动网络备受青睐，用户对实时定位的要求越来越高。HTML5引入Geolocation的API，能够将GPS或网络信息应用到用户定位方面，且定位更加准确、灵活。利用HTML5进行定位，除了可以定位自己的位置，还可以在他人开放信息的情况下获得他人的定位信息。
- **数据存储**：HTML5允许在客户端实现较大规模的数据存储，包括DOM Storage和Web SQL Database两种存储机制。其中，DOM Storage 适用于具有链值对的基本本地存储；而Web SQL Database是适用于关系型数据库的存储方式，开发者可以使用SQL语法对这些数据进行查询、插入等操作。
- **多线程**：HTML5利用Web Worker将Web应用程序从原来的单线程操作中解放出来，通过创建一个Web Worker对象实现多线程操作。这样可以将耗费时间较长的处理交给后台而不影响用户界面的响应速度，并且这些处理不会因用户交互而中断。

第7章

模板、库、表单和行为的应用

情景导入

　　米拉感觉自己制作网页的效率远不及老洪，这不仅因为米拉操作的熟练度不够，还因为米拉在制作注册类网页时常有无从下手的感觉，于是米拉向老洪请教制作注册类网页的方法。

学习目标

● **掌握"客户交流"网页的制作方法**
如创建、编辑、应用与管理模板等。

● **掌握"产品介绍"网页的制作方法**
如认识"资源"面板，创建、应用、编辑、更新、分离库文件等。

● **掌握"会员注册"网页的制作方法**
如表单的基础操作和在表单中添加各种表单元素等。

● **掌握"品牌展厅"网页的制作方法**
如行为的基础知识，以及常用行为的使用方法等。

案例展示

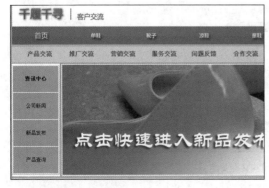

▲ "客户交流"网页效果

▲ "产品介绍"网页效果

7.1 课堂案例：制作"客户交流"网页

米拉向老洪请教提高网页制作效率的方法，于是老洪让米拉通过模板快速制作"客户交流"网页。

米拉了解"客户交流"网页的大致内容后，便着手开始制作，主要包括保存模板、创建并修改可编辑区域、根据模板创建文档，以及更新模板等内容。本案例完成后的效果如图7-1所示。

素材所在位置 素材文件\第7章\课堂案例\khjl
效果所在位置 效果文件\第7章\课堂案例\khjl.html、khjl.dwt

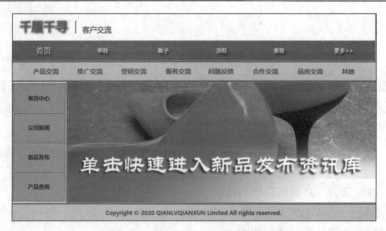

图7-1 "客户交流"网页的参考效果

7.1.1 创建模板

模板是一类特殊的网页文档，模板的编辑方法与普通网页相同，创建模板的目的在于快速利用模板创建内容相似的网页，从而提高制作效率。

1. 创建空白模板

执行【文件】/【新建】菜单命令，打开"新建文档"对话框，选择左侧的"空模板"选项，在"模板类型"列表框中选择"HTML模板"选项，在"布局"列表框中选择"<无>"选项，如图7-2所示。单击 创建(R) 按钮创建一个空白模板。

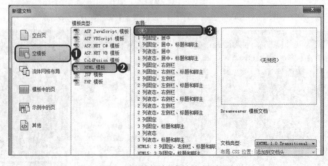

图7-2 选择创建的文档类型

保存创建的模板

创建空白模板后，可在模板中编辑需要的内容，完成后可执行【文件】/【保存】菜单命令，打开"另存模板"对话框，在"站点"下拉列表框中选择保存模板的站点，在"另存为"文本框中输入模板的名称，单击 保存 按钮。

2．将网页另存为模板

将网页另存为模板是指将已经制作好的网页保存为模板文件，以便将来使用。下面将"khjl.html"网页文件另存为模板，具体操作如下。

（1）打开"khjl.html"网页文件，执行【文件】/【另存为模板】菜单命令，如图7-3所示。

（2）打开"另存模板"对话框，在"站点"下拉列表框中选择"qlqxsite"选项，在"另存为"文本框中输入"khjl"文本，单击 保存 按钮，如图7-4所示。

将网页另存为模板

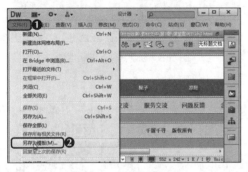

图7-3　另存为模板

图7-4　设置保存的位置和名称

7.1.2　编辑模板

模板创建后需要进一步建立可编辑区域，这样才能在通过模板创建的网页文档中编辑指定内容。

1．创建可编辑区域

可编辑区域是指模板中允许编辑的位置。利用模板创建网页后，可以在可编辑区域中添加各种网页元素。如果未创建可编辑区域，则不能在通过模板创建的网页中编辑内容。下面在"khjl.dwt"网页文件中创建可编辑区域，具体操作如下。

创建可编辑区域

（1）在"khjl.dwt"网页文件将插入点定位到"产品交流"文本下方的空白单元格中，执行【插入】/【模板对象】/【可编辑区域】菜单命令，如图7-5所示。

（2）打开"新建可编辑区域"对话框，在"名称"文本框中输入"嵌套表格"文本，单击 确定 按钮，如图7-6所示。

（3）此时插入点所在的单元格中出现已创建的可编辑区域，如图7-7所示。

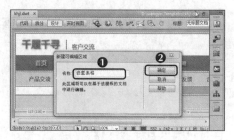

图7-5　创建可编辑区域　　　　　　　　　　　　图7-6　设置可编辑区域名称

（4）将插入点定位到右侧的空白单元格中，用相同的方法再次创建名为"宣传图像"的可编辑区域，如图7-8所示，然后按【Ctrl+S】组合键保存模板。

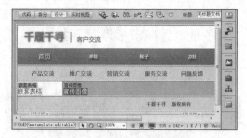

图7-7　创建的可编辑区域　　　　　　　　　　　图7-8　创建其他可编辑区域

2．更改可编辑区域名称

为了提高模板中可编辑区域的识别度，可以随时更改可编辑区域的名称。下面将"kjhj.dwt"网页文件中的"嵌套表格"可编辑区域的名称更改为"导航栏目"，具体操作如下。

（1）单击并选择"嵌套表格"可编辑区域的蓝色底纹标签，在"属性"面板的"名称"文本框中将文本修改为"导航栏目"，如图7-9所示。

（2）选择"嵌套表格"可编辑区域中的"嵌套表格"文本，将其修改为"导航栏目"文本，如图7-10所示。

微课视频

更改可编辑区域名称

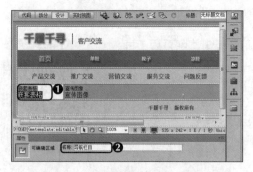

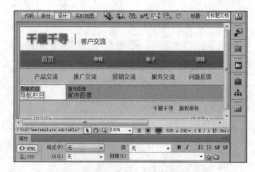

图7-9　修改可编辑区域标签的名称　　　　　　　图7-10　修改可编辑区域的名称

3．删除可编辑区域标签

创建的可编辑区域默认显示蓝色底纹标签，如果不需要该可编辑区域，则选择该可编辑区域内的标签，然后执行【修改】/【模板】/【删除模板标记】菜单命令，如图7-11所示。

图7-11　删除可编辑区域标签

4．创建重复区域

重复区域可以控制网页布局效果。选择模板中需设置为重复区域的对象，执行【插入】/【模板对象】/【重复区域】菜单命令，打开"新建重复区域"对话框。在"名称"文本框中输入重复区域的名称，单击 确定 按钮，在模板中创建重复区域，如图7-12所示。

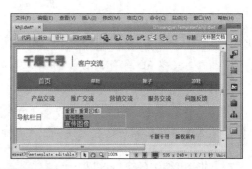

图7-12　创建重复区域

5．创建重复表格

重复表格可以创建包含重复行的表格式可编辑区域，从而提高创建相同可编辑区域的效率。将插入点定位到需创建重复表格的位置，执行【插入】/【模板对象】/【重复表格】菜单命令，打开"插入重复表格"对话框。设置表格行列数、边距、间距、宽度和边框等表格属性，在"起始行"和"结束行"文本框中指定表格中的哪些行包含在重复区域中，在"区域名称"文本框中输入重复表格名称，完成后单击 确定 按钮，创建重复表格，如图7-13所示。

图7-13　创建重复表格

6．创建可选区域

可选区域通过定义条件控制该区域的显示或隐藏，如在模板创建的网页中需要显示某张图像，而在其他网页中却不需要显示该图像时，就可以通过创建可选区域实现。

在模板文件中选择需设置为可选区域的对象，执行【插入】/【模板对象】/【可选区域】菜单命令，打开"新建可选区域"对话框。在"基本"选项卡的"名称"文本框中输入可选区域的名称，单击选中"默认显示"复选框，使可选区域在默认状态下为显示状态。单击"高级"选项卡，单击选中"使用参数"单选按钮，在右侧的下拉列表框中可选择已创建的模板参数的名称，完成后单击 确定 按钮，创建可选区域，如图7-14所示。

图7-14　创建可选区域

> **多学一招**　　　　　　　　　　　**为可选区域设置条件**
>
> 可以在"</head>"标签前添加代码，如"<!--TemplateParam name="bannerImage" type="boolean" value="true"-->"，其中"name"属性为模板参数的名称，"type"属性为模板参数的数据类型，"value"为模板参数的值，这样才能在"新建可选区域"对话框中选择需要使用的模板参数。

7．创建可编辑的可选区域

可选区域通常是无法编辑的，要想编辑可选区域，需要创建可编辑的可选区域。在模板文件中设置模板参数，将插入点定位到需创建可编辑可选区域的位置，执行【插入】/【模板对象】/【可编辑的可选区域】菜单命令，打开"新建可选区域"对话框，按照设置可选区域的方法设置相关参数，完成后单击 确定 按钮，创建可编辑的可选区域，如图7-15所示。

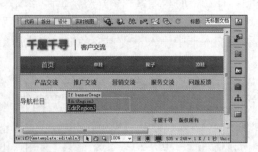

图7-15　创建可编辑的可选区域

7.1.3　应用与管理模板

创建和编辑模板后，可利用模板创建网页或对已有的网页应用模板。此后只要修改模板，并更新应用了该模板的网页就能够实现同步修改，方便维护和更新网页。

1. 基于模板新建网页

保存模板后，可利用模板创建网页，并在可编辑区域中添加需要的
内容。下面利用"khjl.dwt"模板创建网页并添加内容，具体操作如下。

微课视频
基于模板新建网页

（1）执行【文件】/【新建】菜单命令，打开"新建文档"对话框，
在对话框左侧选择"模板中的页"选项，在"站点"列表框中选
择"qlqxsite"选项，并在右侧的列表框中选择"khjl"选项，单
击 创建(R) 按钮，如图7-16所示。
（2）此时将根据模板创建网页，如图7-17所示。当鼠标指针移动到网页中的非可编辑区域
时，鼠标指针将变为禁用状态，表示不能编辑该内容。

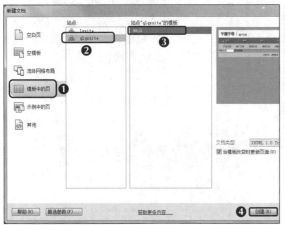

图7-16 选择模板

图7-17 快速创建网页

（3）在"导航栏目"可编辑区域中删除原有的"导航栏目"文本，插入一个4行1列的表
格，输入文本并设置格式，效果如图7-18所示。
（4）在"宣传图像"可编辑区域中删除原有的"宣传图像"文本，插入"x.jpg"素材图
像，保存设置，效果如图7-19所示。

图7-18 插入表格

图7-19 插入图像

2. 更新模板内容

更改模板内容后，更新所有基于该模板的网页能快速更改相应内容。下面以在"khjl.
dwt"模板中更改版权信息为例，介绍更新模板的方法，具体操作如下。
（1）打开"khjl.dwt"模板，修改版权信息中的内容，并保存模板，如图7-20所示。

（2）打开基于"khjl.dwt"模板创建的"khjl.html"网页文件，执行【修改】/【模板】/【更新页面】菜单命令，如图7-21所示。

微课视频

更新模板内容

（3）打开"更新页面"对话框，在"查看"右侧的第1个下拉列表框中选择"整个站点"选项，在右侧的第2个下拉列表框中选择"qlqxsite"选项，单击选中"模板"复选框，依次单击 开始(S) 按钮和 关闭(C) 按钮，如图7-22所示。

（4）此时"khjl.html"网页底部的标签信息自动更新，更新后的效果如图7-23所示。

图7-20　修改模板

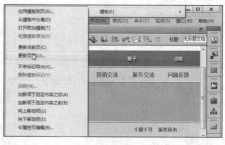

图7-21　更新页面

图7-22　设置更新范围

图7-23　更新后的网页

3．删除模板

对于站点中未使用或无用的模板，可以将其删除以便管理网页文件。打开"文件"面板，在面板中展开"Templates"文件夹，选择需要删除的模板文件，按【Delete】键删除。如果站点包含通过该模板创建的一个或多个网页，则在删除模板时会打开提示对话框，单击 是(Y) 按钮表示确认删除模板，如图7-24所示。

图7-24　删除模板

4．脱离模板

脱离模板可以使基于该模板创建的网页中的所有区域都能编辑，从而使网页设计更加方便和自主。打开基于模板创建的网页，执行【修改】/【模板】/【从模板中分离】菜单命令，将网页脱离模板，此时移动鼠标指针到网页中的任意位置都不会出现禁用状态，表示可以对这些对象进行编辑，如图7-25所示。

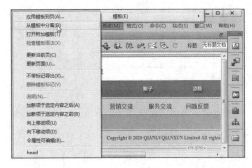

图7-25　脱离模板

7.2　课堂案例：制作"产品介绍"网页

老洪制作好了"产品介绍"网页的大致框架，安排米拉为网页添加各种产品的介绍信息，并嘱咐米拉利用库文件提高产品信息的添加效率。

要完成老洪交代的任务，需要掌握"资源"面板的使用方法，以及创建、应用、编辑、更新和分离库文件等操作。本案例完成后的效果如图7-26所示。

高清彩图

"产品介绍"网页效果

素材所在位置　素材文件\第7章\课堂案例\cpjs
效果所在位置　效果文件\第7章\课堂案例\cpjs\cpjs.html

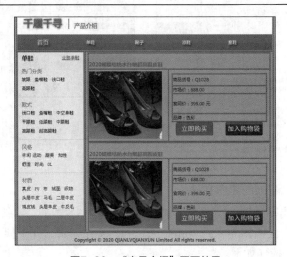

图7-26　"产品介绍"网页效果

7.2.1　认识"资源"面板

"资源"面板是库文件的载体。执行【窗口】/【资源】菜单命令，打开"资源"面板，单击左侧的"库"按钮▣，面板中将显示库文件资源的相关内容，如图7-27所示。

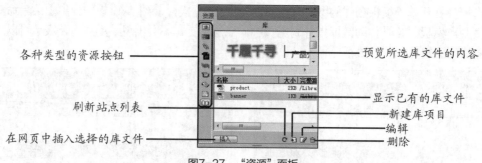

各种类型的资源按钮

预览所选库文件的内容

刷新站点列表

显示已有的库文件

新建库项目

在网页中插入选择的库文件

编辑

删除

图7-27　"资源"面板

7.2.2　创建库文件

在Dreamweaver中有两种创建库文件的方式：一种是直接将已有的对象创建为库文件；另一种是利用"资源"面板新建库文件，并在其中创建需要的元素。

1．将已有元素创建为库文件

如果某些网页中已经包含了可以创建为库文件的元素，则可将该元素直接转换为库文件，并保存在"资源"面板中。选择需要创建为库文件的元素，执行【修改】/【库】/【增加对象到库】菜单命令，在"资源"面板中修改创建的库文件名称，创建库文件，如图7-28所示。

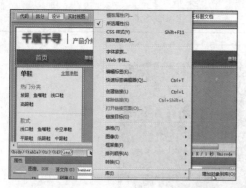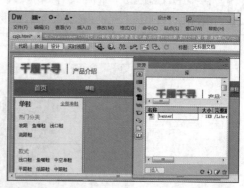

图7-28　创建库文件并命名

2．利用"资源"面板创建库文件

如果需要重新创建库文件，则可利用"资源"面板中的"新建库项目"按钮 来实现。下面以创建名为"product"的库文件为例，介绍创建库文件的方法，具体操作如下。

（1）打开"cpjs.html"网页文件，单击"资源"面板下方的"新建库项目"按钮 ，创建库文件，如图7-29所示。

（2）在"资源"面板中将创建的库文件名称更改为"product"，然后单击下方的"编辑"按钮 ，如图7-30所示。

微课视频

利用"资源"面板
创建库文件

图7-29 创建库文件

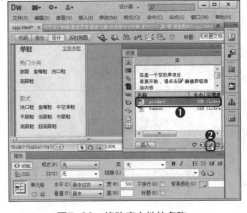

图7-30 修改库文件的名称

（3）打开库文件网页，在网页中编辑库文件内容，完成后的效果如图7-31所示。

（4）保存库文件并关闭，在"资源"面板中将看到创建的库文件，如图7-32所示。

图7-31 编辑库文件内容

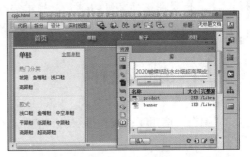

图7-32 保存并关闭库文件

7.2.3 应用库文件

创建好库文件后，可在任意网页中重复使用该库文件。下面在
"cpjs.html"网页中应用"product.lbi"库文件，具体操作如下。

（1）将插入点定位到"cpjs.html"网页文件中的空白单元格中，打
开"资源"面板，选择"product"选项，单击 插入 按钮，如
图7-33所示。

（2）在网页中将插入选择的库文件内容，且无法编辑该库文件内容，如
图7-34所示。

微课视频

应用库文件

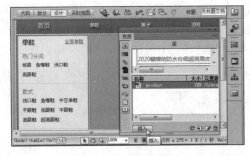

图7-33 选择库文件

图7-34 插入库文件（一）

（3）将插入点定位到插入的库文件右侧，单击"资源"面板中的 插入 按钮，如图7-35所示。

（4）保存网页，按【F12】键预览网页效果，如图7-36所示。

图7-35　插入库文件（二）

图7-36　预览网页效果

> **多学一招**
>
> **应用库文件的其他方法**
>
> 　　在"资源"面板中选择库文件后，直接将库文件拖动到网页中，插入点将出现在鼠标指针的位置，确定插入点位置后，释放鼠标左键可将库文件添加到相应的区域。

7.2.4　编辑库文件

创建的库文件可随时修改，只需在"资源"面板中选择需要修改的库文件，然后单击下方的"编辑"按钮📝；或直接双击库文件，在打开的库文件网页中修改，如图7-37所示，完成后保存并关闭网页。

图7-37　编辑库文件

7.2.5　更新库文件

编辑库文件后，可通过更新操作自动修改网页中添加的所有库文件对象，提高网页制作的效率。执行【修改】/【库】/【更新页面】菜单命令，打开"更新页面"对话框，选择"查看"右侧第1个下拉列表框中的"整个站点"选项，并在右侧的第2个下拉列表框中选择库文件所在的站点，单击选中"库项目"复选框，然后单击 开始(S) 按钮，更新库文件，如图7-38所示。

图7-38　更新库文件

7.2.6 分离库文件

添加到网页中的库文件不允许编辑，可以修改库文件中的内容并更新网页以实现编辑。要想单独修改网页中的某个库文件，可采用分离库文件的方式。选择网页中需分离的库文件，单击"属性"面板中的 从源文件中分离 按钮，或在网页中的库文件上单击鼠标右键，在弹出的快捷菜单中执行【从源文件中分离】命令，在打开的提示对话框中单击 确定 按钮，分离库文件，如图7-39所示。

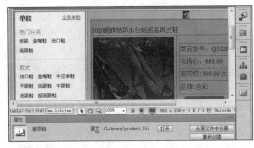

图7-39 分离库文件

7.3 课堂案例：制作"会员注册"网页

老洪这次安排米拉制作"千履千寻"公司的"会员注册"网页，需要通过该网页搜集用户资料。要求网页的注册内容包含用户名、登录密码和性别等信息。

该任务涉及表单的基础操作和在表单中添加各种元素。本例完成后的参考效果如图7-40所示。

高清彩图

"会员注册"网页
的参考效果

| **素材所在位置** | 素材文件\第7章\课堂案例\hyzc |
| **效果所在位置** | 效果文件\第7章\课堂案例\hyzc.html |

图7-40 "会员注册"网页的参考效果

7.3.1 表单的基础操作

表单可以获取用户信息，是创建交互网站和增加网页互动性的工具，申请邮箱时填写的个人信息、购物时填写的购物单、新用户注册时填写的信息表等都是表单。

1．表单的组成元素

在Dreamweaver中，组成表单的元素有很多，如文本字段、复选框、单选按钮、按钮、列表和菜单等。图7-41所示为某网站中一个表单的部分组成元素。

图7-41　某表单中的部分组成元素

2．创建表单

创建表单前需要创建表单区域，之后在该区域中添加各种表单元素。下面在"hyzc.html"网页文件中创建表单，具体操作如下。

（1）打开"hyzc.html"网页文件，将插入点定位到空白的单元格中，打开"插入"面板，选择"表单"选项，选择下方的"表单"选项，如图7-42所示。

（2）此时插入点处显示边框为红色虚线的表单区域，如图7-43所示。

图7-42　插入表单

图7-43　插入的表单区域

3．设置表单属性

要想利用表单网页收集用户信息，即通过单击"提交"按钮将表单内容汇总到服务器上，就需要设置表单属性。可选择插入的表单或将插入点定位到表单区域中，再在"属性"面板中进行设置，如图7-44所示。各参数的作用如下。

图7-44　设置表单属性

- **"表单ID"文本框**：设置表单的ID，方便在代码中引用该对象。
- **"动作"文本框**：指定处理表单的动态页或脚本所在的路径，该路径可以是URL地址、HTTP地址或Mailto邮箱地址等。
- **"目标"下拉列表框**：设置表单信息被处理后网页的打开方式，如在当前窗口中打开或在新窗口中打开等，与设置超链接时的"目标"下拉列表框作用相同。

- **"类"下拉列表框**：为表单应用已有的某种类CSS样式。
- **"方法"下拉列表框**：设置表单数据传递给服务器的方式，一般使用"POST"方式，即将所有信息封装在HTTP请求中，对于传递大量数据而言是一种较为安全的传递方式。还有一种"GET"方式，即直接将数据追加到请求该页的URL中，但"GET"方式只能传递有限的数据，且安全性不如"POST"方式。
- **"编码类型"下拉列表框**：指定提交表单数据时所使用的编码类型。默认为"application/x-www-form-urlencoded"，通常与"POST"方式协同使用。如果要创建文件上传表单，则需要在该下拉列表框中选择"multipart/form-data"类型。

4．使用Spry表单验证构件

Spry表单验证构件是Dreamweaver CS6中一项基于AJAX的框架的表单功能，可以验证用户输入的表单内容，并给出详细的提示信息。在需要插入Spry表单验证构件的位置定位插入点，执行【插入】/【Spry】菜单命令，在打开的子菜单中执行相关的命令，插入Spry表单验证构件。下面介绍7种常用的Spry表单验证构件。

- **Spry验证文本域**：Spry验证文本域与普通文本域的不同之处在于，Spry验证文本区域是在普通文本域的基础上验证用户输入的内容，并根据验证结果向用户发出相应的提示信息。Spry验证文本域的添加方法类似于普通文本域的添加方法。
- **Spry验证文本区域**：Spry验证文本区域其实就是多行的Spry验证文本域。Spry验证文本区域的"属性"面板类似于Spry验证文本域，不同的是，Spry验证文本区域的"属性"面板添加了"计数器"和"禁止额外字符"属性。
- **Spry验证复选框**：与传统复选框相比，Spry验证复选框的特点是当用户单击选中或取消选中该复选框时会显示相应的操作提示信息，如"至少要求选择一项"或"最多能同时选择几项"等。添加Spry验证复选框后，可在"属性"面板中设置Spry验证复选框的属性。
- **Spry验证选择**：Spry验证选择其实是在"列表/菜单"的基础上增加了验证功能，可以验证用户选择的菜单选项值，当菜单选项值出现异常（如选择的值无效）时提示用户。插入Spry验证选择后需先在"列表/菜单"中设置列表值和其他属性，然后单击Spry验证选择标签，在"属性"面板中设置相关参数。Spry验证选择的属性与其他对象的不同之处在于"不允许"栏中的两个复选框。
- **Spry验证密码**：Spry验证密码是一个密码文本域，可用于强制执行密码规则（如字符的数目和类型）。Spry验证密码根据用户输入的文本显示警告或错误消息。
- **Spry验证确认**：Spry验证确认是一个文本域或密码表单域，当用户输入的值与同一表单中类似域的值不匹配时，Spry验证确认将显示有效或无效信息。例如，向表单中添加一个Spry验证确认，要求用户重新输入在上一个域中指定的密码。如果用户未能完全一样地输入之前指定的密码，则Spry验证确认将返回错误消息，提示两个值不匹配。
- **Spry验证单选按钮组**：Spry验证单选按钮组是一组单选按钮，可验证所选内容。Spry验证单选按钮组可强制从组中选择一个单选按钮。

7.3.2　在表单中添加各种表单元素

表单元素是实现表单具体功能的基本工具。只有在表单中添加不同的表单元素，用户才能进行输入和选择等操作，然后通过按钮将这些信息提交到服务器中。本小节将介绍如何在表单中添加各种表单元素。

1．添加单行文本字段

单行文本字段适合输入少量文本，如输入账户名称、邮箱地址和文章标题等。下面在"hyzc.html"网页文件中添加两个单行文本字段，具体操作如下。

（1）将插入点定位到表单区域中，在"插入"面板中选择"文本字段"选项，如图7-45所示。

（2）打开"输入标签辅助功能属性"对话框，分别在"ID"文本框和"标签"文本框中输入文本"user"和"用户名："，单击 确定 按钮，如图7-46所示。

图7-45　插入文本字段（一）　　　　　　　　图7-46　设置ID和标签（一）

（3）在插入的"用户名："文本右侧插入若干空格，选择"用户名："文本，在"属性"面板中设置"字符宽度"和"最多字符数"均为"16"，并设置"初始值"为"请输入会员名称"，如图7-47所示。

（4）创建名为".bd"的类CSS样式，设置"大小"为"12px"，字形加粗，并应用到"用户名："文本中，如图7-48所示。

图7-47　设置文本字段（一）　　　　　　　　图7-48　设置文本字段格式

（5）将插入点定位到"用户名："文本右侧，按【Enter】键分段，再次选择"插入"面板中的"文本字段"选项，在打开的对话框中设置"ID"和"标签"分别为"number"和"输入证件号："，单击 确定 按钮，如图7-49所示。

（6）选择"输入证件号："文本，在"属性"面板中设置"字符宽度"和"最多字符数"均为"26"，并设置"初始值"为"请输入证件号码"，然后为"输入证件号："文本应用".bd"类CSS样式，如图7-50所示。

图7-49　插入文本字段（二）　　　　　　　　　图7-50　设置文本字段（二）

2．添加密码字段

密码字段用于输入具有保密性质的内容。用户输入密码时，网页中将以"●"符号代替密码文本，使密码文本不可见，以保证数据内容的隐秘。下面在"hyzc.html"网页中添加密码字段，具体操作如下。

（1）将插入点定位到文本字段表单元素右侧，按【Enter】键分段，在"插入"面板中选择"文本字段"选项，如图7-51所示。

（2）打开"输入标签辅助功能属性"对话框，分别在"ID"文本框和"标签"文本框中输入文本"password"和"密　码："，单击 确定 按钮，如图7-52所示。

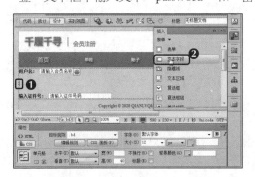

图7-51　插入文本字段（三）　　　　　　　　　图7-52　设置ID和标签（二）

（3）按【Space】键调整插入文本字段的位置，使文本字段与上方的文本字段对齐。选择插入的文本字段，在"属性"面板中设置"字符宽度"和"最多字符数"均为"16"，单击选中"类型"栏中的"密码"单选按钮，设置"初始值"为"请设置密码"，如图7-53所示。

（4）将插入点定位到"密　码："文本右侧，按【Enter】键分段，在"插入"面板中选择"文本字段"选项，如图7-54所示。

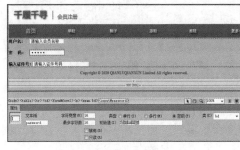

图7-53　设置密码字段格式（一）　　　　　　　图7-54　插入文本字段（四）

（5）在打开对话框的"ID"和"标签"文本框中分别输入文本"confirm"和"确认密码："，单击 确定 按钮，如图7-55所示。

（6）选择插入的文本字段，在"属性"面板中设置"字符宽度"和"最多字符数"均为"16"，单击选中"类型"栏中的"密码"单选按钮，并设置"初始值"为"请确认密码"，如图7-56所示。

图7-55　设置ID和标签（三）

图7-56　设置密码字段格式（二）

3．添加多行文本字段

多行文本字段常用于浏览者留言和个人介绍等需要输入较多内容的情况。下面在"hyzc.html"网页中添加多行文本字段，具体操作如下。

微课视频

添加多行文本字段

（1）将插入点定位到"输入证件号："文本右侧，按【Enter】键分段，在"插入"面板中选择"文本字段"选项。

（2）打开"输入标签辅助功能属性"对话框，分别在"ID"文本框和"标签"文本框中输入文本"impression"和"公司印象："，单击 确定 按钮，如图7-57所示。

（3）选择插入的文本字段，在"属性"面板中设置"字符宽度"和"行数"分别为"32"和"3"，单击选中"类型"栏中的"多行"单选按钮，并设置"初始值"为"简述对本公司产品的印象"，如图7-58所示。

图7-57　设置ID和标签（四）

图7-58　设置多行文本字段格式

4．添加隐藏域

隐藏域不会显示在预览的网页中，对用户来说不可见，但具有相当重要的作用。它可以在网页之间传递一些隐秘的信息，方便用户处理网页数据。例如，在一个关于登录的表单网页中添加一个隐藏域，并为该隐藏域赋一个值，在表单提交后，网页首先查找是否有这个隐藏域字段，并审核提交的值是否是设置的值，如果是，则网页继续处理表单中的其他信息，否则网页要求用户重新登录。

将插入点定位到需插入隐藏域的位置，在"插入"面板中选择"隐藏域"选项，将直接在表单区域插入一个隐藏域；选择该隐藏域，在"属性"面板中设置ID名称并赋予相应的值，完成添加隐藏域的操作，如图7-59所示。

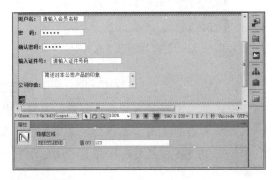

图7-59　插入并设置隐藏域

5．添加复选框

复选框可以实现单击选中或单击取消选中的效果，对一些允许多重选择的选项较为实用，如特长、爱好、购买过的产品等。下面在"hyzc.html"网页中添加两个复选框，具体操作如下。

（1）将插入点定位到"公司印象："文本右侧的多行文本，按【Enter】键分段，输入文本"购买过公司哪些产品："，在"插入"面板中选择"复选框"选项，如图7-60所示。

（2）打开"输入标签辅助功能属性"对话框，分别在"ID"文本框和"标签"文本框中输入文本"shoes"和"鞋"，单击 确定 按钮，如图7-61所示。

（3）在插入的复选框右侧插入若干空格，再次选择"插入"面板中的"复选框"选项。

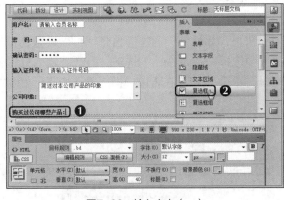

图7-60　输入文本（一）　　　　　　图7-61　设置ID和标签（五）

（4）打开"输入标签辅助功能属性"对话框，分别在"ID"文本框和"标签"文本框中输入文本"clothes"和"服饰"，单击 确定 按钮，如图7-62所示。

（5）完成插入两个复选框的操作，如图7-63所示。

图7-62　设置ID和标签（六）　　　　　　　　　　图7-63　插入两个复选框

> **多学一招**
>
> **复选框的属性设置**
>
> 选择插入的复选框后，可在"属性"面板的"选定值"文本框中输入选中该复选框时，发送给服务器的值；在"初始状态"栏中可设置该复选框默认状态下是"已勾选"还是"未选中"。

6．添加复选框组

当需要在表单中添加大量的复选框时，可通过添加复选框组提高制作效率。在表单中定位插入点，在"插入"面板中选择"复选框组"选项，打开"复选框组"对话框，在左侧的"标签"栏中选择添加的复选框标签后可更改复选框名称，单击上方的"添加"按钮➕可增加组中的复选框，如图7-64所示。设置完成后单击 确定 按钮，在表单中插入复选框组。

图7-64　增加复选框

7．添加单选按钮

单选按钮适合在多项中选择其中一项的情况，如性别、职位等信息就可以设置为单选按钮。在表单中定位插入点，在"插入"面板中选择"单选按钮"选项，打开"输入标签辅助功能属性"对话框，设置ID和标签后，单击 确定 按钮，在表单中插入单选按钮，如图7-65所示。

图7-65　插入单选按钮

8．添加单选按钮组

单选按钮由于只能选择其中一个选项，因此单选按钮一般以组的形式出现，可利用单选按钮组在表单中快速添加多个单选按钮。下面在"hyzc.html"网页文件中添加单选按钮组，具体操作如下。

微课视频

添加单选按钮组

（1）将插入点定位到复选框右侧，按【Enter】键分段，输入文本"从哪里了解到本公司产品："，在"插入"面板中选择"单选按钮组"选项，如图7-66所示。

（2）打开"单选按钮组"对话框，将"标签"栏下方的选项名称分别更改为"朋友介绍"和"杂志报刊"，如图7-67所示。

图7-66　输入文本（二）

图7-67　更改选项名称（一）

（3）单击两次"添加"按钮，在单选按钮组中再添加两个单选按钮，如图7-68所示。

（4）在"标签"栏中将新增选项的名称分别更改为"电视广告"和"其他"，单击 确定 按钮，如图7-69所示。

图7-68　添加单选按钮

图7-69　更改选项名称（二）

（5）在插入点位置插入设置的单选按钮组，如图7-70所示。

（6）插入空格，调整各单选按钮的位置，使单选按钮对齐，如图7-71所示。

图7-70　插入单选按钮组

图7-71　调整单选按钮位置

9．添加菜单

当需要在多个选项中选择其中一项，且不希望这些选项占据太多网页空间时，可通过菜单表单元素解决该问题。下面在"hyzc.html"网页文件中添加"性别"菜单，具体操作如下。

（1）将插入点定位到"用户名："文本字段表单元素右侧，按【Enter】
　　键分段，在"插入"面板中选择"选择（列表/菜单）"选项，
　　如图7-72所示。
（2）打开"输入标签辅助功能属性"对话框，分别在"ID"文本框
　　和"标签"文本框中输入文本"sex"和"性　别："，单击
　　　确定　按钮，如图7-73所示。

微课视频

添加菜单

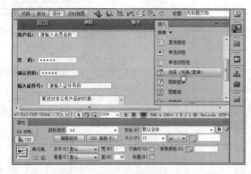

图7-72　插入菜单

图7-73　设置ID和标签（七）

（3）按【Space】键适当调整菜单位置，使菜单与上方的文本字段对齐，如图7-74所示。
（4）选择插入的菜单，在"属性"面板中单击　列表值...　按钮，如图7-75所示。

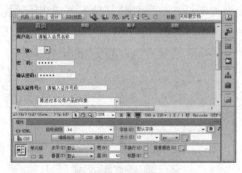

图7-74　调整菜单位置

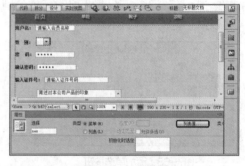

图7-75　设置菜单

（5）打开"列表值"对话框，单击"添加"按钮➕添加两个名称为"男"和"女"的项目
　　标签，单击　确定　按钮，如图7-76所示。
（6）关闭对话框，在"属性"面板的"初始化时选定"列表框中选择"女"选项，表示菜
　　单默认选择"女"选项，如图7-77所示。

图7-76　设置列表值

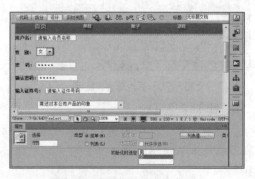

图7-77　设置初始选定值（一）

10．添加列表

列表与菜单的不同之处在于列表中的各选项以列表的形式显示，而菜单需要单击下拉按钮才能展开菜单中的选项。下面在"hyzc.html"网页文件中添加"选择证件"列表，具体操作如下。

微课视频

添加列表

（1）将插入点定位到"输入证件号："文本左侧，插入若干空格后，将插入点定位到该行最左侧，然后在"插入"面板中选择"选择（列表/菜单）"选项，如图7-78所示。

（2）打开"输入标签辅助功能属性"对话框，分别在"ID"文本框和"标签"文本框中输入文本"papers"和"选择证件："，单击 确定 按钮，如图7-79所示。

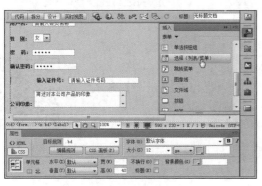

图7-78　插入列表

图7-79　设置ID和标签（八）

（3）选择插入的列表（此时呈菜单样式显示），在"属性"面板中单击 列表值... 按钮，如图7-80所示。

（4）打开"列表值"对话框，单击"添加"按钮，添加4个名称分别为"身份证""护照""驾照""其他"的项目标签，单击 确定 按钮，如图7-81所示。

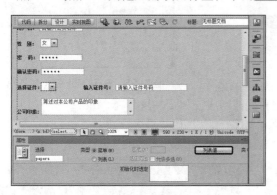

图7-80　设置列表

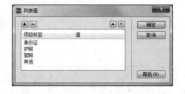

图7-81　设置列表值

（5）关闭对话框，在"属性"面板的"初始化时选定"列表框中选择"身份证"选项，表示默认选择"身份证"选项，如图7-82所示。

（6）在"属性"面板的"类型"栏中单击选中"列表"单选按钮，在"高度"文本框中输入文本"3"，设置列表的可见高度为3行，如图7-83所示。完成添加和设置列表的操作。

图7-82 设置初始选定值（二）

图7-83 设置类型和高度

11．添加文件域

文件域表单元素可实现文件上传功能，如上传用户头像。下面在"hyzc.html"网页文件中添加文件域，具体操作如下。

微课视频

添加文件域

（1）将插入点定位到"输入证件号："文本右侧，按【Enter】键分段，在"插入"面板中选择"文件域"选项，如图7-84所示。
（2）打开"输入标签辅助功能属性"对话框，分别在"ID"文本框和"标签"文本框中输入文本"head"和"上传头像："，单击 确定 按钮，如图7-85所示。

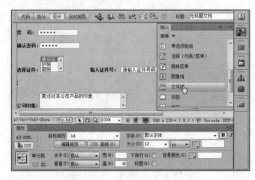

图7-84 插入文件域（一）

图7-85 设置ID和标签（九）

（3）插入文件域，文件域由标签、文本框和按钮组成，如图7-86所示。
（4）选择文件域，在"属性"面板中设置"字符宽度"和"最多字符数"分别为"42"和"40"，如图7-87所示。

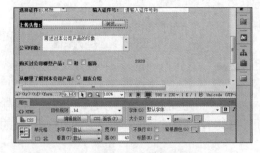

图7-86 插入文件域（二）

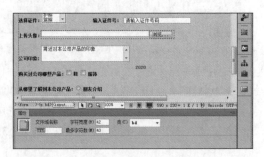

图7-87 设置"字符宽度"和"最多字符数"

12. 添加按钮

按钮可用于提交表单或重置操作，按钮只有在被单击时才能执行。对于表单网页而言，按钮元素必不可少。下面在"hyzc.html"网页文件中添加"提交"按钮，具体操作如下。

（1）将插入点定位到单选按钮组右侧，按【Enter】键分段，在"插入"面板中选择"按钮"选项。

（2）打开"输入标签辅助功能属性"对话框，在"ID"文本框中输入文本"submit"，单击 确定 按钮，如图7-88所示。

（3）在按钮的"属性"面板的"值"文本框中输入文本"提交"，在"动作"栏中单击选中"提交表单"单选按钮，创建"提交"按钮，如图7-89所示。

图7-88 设置ID（一）

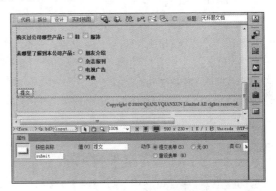

图7-89 插入的按钮

13. 添加图像域

可通过添加图像域，将任意图像对象设置为按钮。下面在"hyzc.html"网页文件中添加图像域，具体操作如下。

（1）将插入点定位到"提交"按钮右侧，按【Enter】键分段，在"插入"面板中选择"图像域"选项，如图7-90所示。

（2）打开"选择图像源文件"对话框，选择"button.png"素材图像，单击 确定 按钮，如图7-91所示。

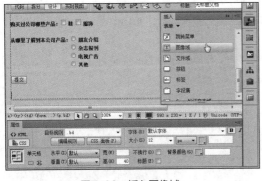

图7-90 插入图像域

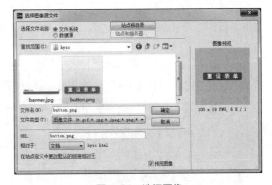

图7-91 选择图像

（3）打开"输入标签辅助功能属性"对话框，在"ID"文本框中输入文本"reset"，单击 确定 按钮，如图7-92所示。

（4）完成添加图像域的操作，如图7-93所示。

159

图7-92　设置ID（二）

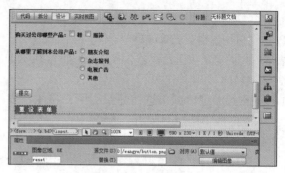

图7-93　插入的图像域

14．添加字段集

字段集可整合多个表单元素，使网页看上去更加整齐。下面在"hyzc.html"网页文件中添加两个字段集，具体操作如下。

微课视频

添加字段集

（1）选择网页最上方的4种表单对象，在"插入"面板中选择"字段集"选项，如图7-94所示。

（2）打开"字段集"对话框，在"标签"文本框中输入文本"基本信息"，单击 确定 按钮，如图7-95所示。

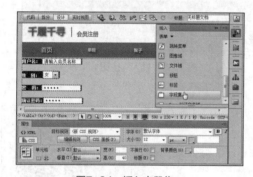

图7-94　插入字段集

图7-95　设置字段集名称

（3）选择从"选择证件"文本到"从哪里了解到本公司产品"单选按钮组之间的所有表单元素，在"插入"面板中选择"字段集"选项。

（4）打开"字段集"对话框，在"标签"文本框中输入文本"附加信息"，单击 确定 按钮。

（5）完成添加字段集的操作后，按【Ctrl+S】组合键保存网页，如图7-96所示。

（6）按【F12】键预览网页，效果如图7-97所示。

图7-96　插入的字段集

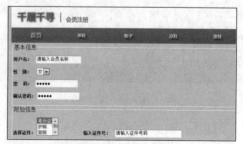

图7-97　预览网页效果

15．添加Spry表单验证构件

Spry表单验证构件可以验证用户输入的内容。下面使用Spry表单验证构件验证"hyzc.html"网页中的"用户名"、"密码"和"确认密码"文本域，具体操作如下。

微课视频

添加 Spry 表单
验证构件

（1）选择"用户名"后的文本域，执行【插入】/【Spry】/【Spry验证文本域】菜单命令，在"属性"面板中单击选中"onBlur"和"必需的"复选框，在"预览状态"下拉列表框中选择"必填"选项。然后修改提示信息为"用户名不能为空。"，如图7-98所示。

（2）在"最小字符数"文本框中输入文本"6"，在"预览状态"下拉列表框中选择"未达到最小字符数"选项，然后修改提示信息为"用户名不能小于6个字符"，如图7-99所示。

图7-98　插入Spry验证文本域并设置提示信息

图7-99　设置提示信息（一）

（3）在"最大字符数"文本框中输入文本"20"，在"预览状态"下拉列表框中选择"已超过最大字符数"选项，然后修改提示信息为"用户名不能大于20个字符。"，如图7-100所示。

（4）选择"密码："后的文本域，执行【插入】/【Spry】/【Spry验证密码】菜单命令，单击选中"onBlur"和"必需的"复选框，设置"最小字符数"为"6"，"最大字符数"为"20"，并设置对应的提示信息。

（5）在"最小字母数"、"最小数字数"和"最小大写字母数"文本框中都输入文本"1"，在"预览状态"下拉列表框中选择"强度无效"选项，然后修改提示信息为"密码必须包含数字、小写字母和大写字母。"，如图7-101所示。

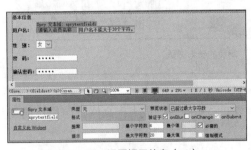

图7-100　设置提示信息（二）

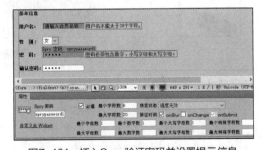

图7-101　插入Spry验证密码并设置提示信息

（6）选择"确认密码："后的文本域，执行【插入】/【Spry】/【Spry验证确认】菜单命令，单击选中"onBlur"和"必填"复选框，在"验证参照对象"下拉列表框中选择"'password'在表单'form1'"选项，在"预览状态"下拉列表框中选择"无效"选项，然后修改提示信息为"两次输入的密码不相符。"，如图7-102所示。

（7）保存并预览网页，输入信息后，如果输入的内容不符合验证要求，就会出现相应的提示信息，如图7-103所示。

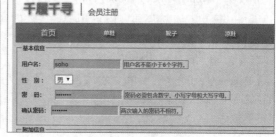

图7-102 插入Spry验证确认并设置提示信息　　　　图7-103 预览网页

7.4 课堂案例：制作"品牌展厅"网页

通过观察，米拉发现许多网页在打开时都会弹出欢迎提示框，这极大地提高了网页与用户的交互性。老洪告诉米拉，这是在网页中添加了行为。于是，老洪制作了"品牌展厅"网页，并在网页中添加了常用的行为为米拉讲解添加行为的方法，包括添加"交换图像"行为和"显示/渐隐"行为等知识。本案例完成后的参考效果如图7-104所示。

高清彩图

"品牌展厅"网页
的参考效果

素材所在位置 素材文件\第7章\课堂案例\ppzt
效果所在位置 效果文件\第7章\课堂案例\ppzt.html

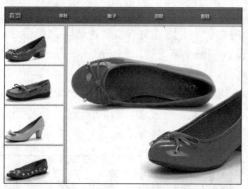

图7-104 "品牌展厅"网页的参考效果

7.4.1 行为的基础知识

行为是Dreamweaver中内置的脚本程序，为网页添加行为可极大提高网页与用户的交互性，下面系统讲解行为的相关基础知识。

1．行为的组成与事件的作用

行为是指在触发某种事件后，通过特定的过程达到某种目的或实现某种效果。例如，用户在浏览网页时单击某超链接（事件），浏览器在此触发事件下打开一个窗口（目的），就是一个完整的行为。

Dreamweaver中的行为由动作和事件两部分组成，动作控制什么时候执行行为，事件控制执行行为的内容。不同的浏览器包含不同的事件，各个浏览器都支持大部分事件，Dreamweaver中常用事件的名称及作用如表7-1所示。

表 7-1　Dreamweaver 中常用事件的名称及作用

事件名称	事件作用
onLoad	载入网页时触发
onUnload	离开网页时触发
onMouseOver	鼠标指针移动到指定元素的范围时触发
onMouseDown	按下鼠标左键且未释放时触发
onMouseUp	释放鼠标左键后触发
onMouseOut	鼠标指针移出指定元素的范围时触发
onMouseMove	在网页上移动鼠标指针时触发
onMouseWheel	滚动鼠标滚轮时触发
onClick	单击指定元素时触发
onDblClick	双击指定元素时触发
onKeyDown	按任意键且未释放时触发
onKeyPress	按任意键且在释放后触发
onKeyUp	释放按下的键后触发
onFocus	指定元素变为用户交互的焦点时触发
onBlur	指定元素不再作为交互的焦点时触发
onAfterUpdate	网页上绑定的元素完成数据源更新之后触发
onBeforeUpdate	网页上绑定的元素完成数据源更新之前触发
onError	浏览器载入网页内容发生错误时触发
onFinish	在列表框中完成一个循环时触发
onHelp	执行浏览器中的【帮助】菜单命令时触发
onMove	浏览器窗口或框架移动时触发
onResize	重设浏览器窗口或框架的大小时触发
onScroll	利用滚动条或箭头上下滚动网页时触发
onStart	选择列表框中的内容开始滚动时触发
onStop	选择列表框中的内容停止滚动时触发

知识
提示

认识动作

　　动作是指用户触发事件后网页执行的脚本代码。脚本代码一般使用 JavaScript或VBScript编写，可以执行特定的任务，如打开浏览器窗口、显示或隐藏元素，也可以为指定元素添加效果等。

2. 认识"行为"面板

　　执行【窗口】/【行为】菜单命令或按【Shift+F4】组合键可打开"行为"面板，如图7-105所示。各参数的作用如下。

- "显示设置事件"按钮 ==：单击该按钮，可只显示已设置的行为列表。
- "显示所有事件"按钮 ==：单击该按钮，可显示所有行为列表。
- "添加行为"按钮 +.：单击该按钮，可在打开的"行为"下拉列表框中选择相应的行为，并在打开的对话框中详细设置这些行为。
- "删除事件"按钮 −：单击该按钮，可删除"行为"面板列表框中选择的行为。
- "增加事件值"按钮 ▲：单击该按钮，可向上移动选择的行为。
- "降低事件值"按钮 ▼：单击该按钮，可向下移动选择的行为。

图7-105 "行为"面板

3．添加行为

添加行为是指将某个行为附加到指定对象上，此对象可以是一个图像、一段文本、一个超链接，也可以是整个网页。选择需添加行为的对象，打开"行为"面板，单击"添加行为"按钮 +.，在打开的下拉列表框中选择需要的行为选项，并在打开的对话框中设置行为的属性。完成后，在"行为"面板中已添加行为左侧的列表框中设置事件。整个操作的大致过程如图7-106所示。

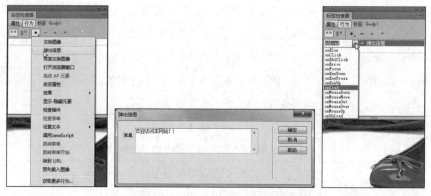

图7-106 为网页对象添加行为的大致过程

4．修改行为

添加行为后，可根据实际需要修改行为。在"行为"面板的列表框中选择要修改的行为，双击右侧的行为名称，在打开的对话框中重新设置，单击 确定 按钮完成修改，如图7-107所示。

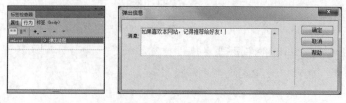

图7-107 修改行为

5．删除行为

对于无用的行为，可利用"行为"面板将其及时删除，以便更好地管理其他行为。删除行为的方法主要有以下3种。

- **利用"删除事件"按钮 ■ 删除**：在"行为"面板的列表框中选择需删除的行为，单击上方的"删除事件"按钮 ■ 。
- **利用快捷键删除**：在"行为"面板的列表框中选择需删除的行为，直接按【Delete】键删除。
- **利用快捷菜单删除**：在"行为"面板的列表框中选择需删除的行为，在该行为上单击鼠标右键，在弹出的快捷菜单中执行【删除行为】命令。

7.4.2 常用行为的使用方法

为了便于用户更好地使用行为，Dreamweaver内置了大量的行为，下面介绍常用行为的使用方法。

1．弹出信息

"弹出信息"行为可以打开一个消息对话框，常用于为欢迎、警告或错误等信息弹出相应的对话框。下面在"ppzt.html"网页文件中为"banner.jpg"图像添加"弹出信息"行为，具体操作如下。

微课视频
弹出信息

（1）打开"ppzt.html"网页文件，选择上方的banner图像，在"行为"面板中单击"添加行为"按钮 ■ ，在打开的下拉列表框中选择"弹出信息"选项，如图7-108所示。

（2）打开"弹出信息"对话框，在"消息"文本框中输入需要显示的文本内容，完成后单击 确定 按钮，如图7-109所示。

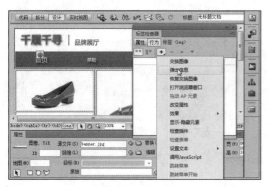
图7-108 选择行为（一）

图7-109 设置显示内容

多学一招
为整个网页添加行为

如果想为整个网页添加行为，则单击"属性"面板上方的<body>标签，选择整个网页，然后按照添加行为的方法为网页添加需要的行为。

（3）添加的行为将显示在"行为"面板的列表框中，按【Ctrl+S】组合键保存设置，如图7-110所示。

（4）按【F12】键预览网页，单击banner图像将打开"来自网页的消息"对话框，查看后单击 确定 按钮，如图7-111所示。

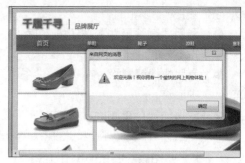

图7-110　保存设置　　　　　　　　　　　　图7-111　触发行为

2．打开浏览器窗口

"打开浏览器窗口"行为可在触发事件发生后打开一个新的浏览器窗口并显示指定的文档，设计者可自主设置该窗口的宽度、高度和名称等属性。下面在"ppzt.html"网页文件中添加"打开浏览器窗口"行为，具体操作如下。

（1）选择网页下方的版权信息文本，在"行为"面板中单击"添加行为"按钮 ，在打开的下拉列表框中选择"打开浏览器窗口"选项，如图7-112所示。

（2）打开"打开浏览器窗口"对话框，单击"要显示的 URL"文本框右侧的 浏览… 按钮，如图7-113所示。

图7-112　选择行为（二）　　　　　　　　　图7-113　设置要显示的窗口文件

（3）打开"选择文件"对话框，选择"qywh.html"网页文件，单击 确定 按钮，如图7-114所示。

（4）返回"打开浏览器窗口"对话框，设置"窗口宽度"和"窗口高度"分别为"800"和"600"，单击 确定 按钮，如图7-115所示。

图7-114　选择网页文件　　　　　　　　　　图7-115　设置窗口大小

（5）选择"行为"面板中左侧已添加行为的事件选项，单击出现的下拉按钮，在打开的下拉列表框中选择"onClick"选项，如图7-116所示。

（6）保存并预览网页，单击标签信息后将打开一个大小为800像素×600像素的窗口，并显示"qywh.html"网页中的内容，打开后的效果如图7-117所示。

图7-116 设置事件（一）

图7-117 预览效果（一）

3．交换图像

"交换图像"行为可实现一个图像和另一个图像的交换行为，增加网页的互动性。下面在"ppzt.html"网页文件中为图像添加"交换图像"行为，具体操作如下。

（1）选择网页中右侧的大图，在"属性"面板的"ID"文本框中输入文本"big"，为图像添加ID，如图7-118所示。

（2）选择左侧最上方的小图，在"行为"面板中单击"添加行为"按钮，在打开的下拉列表框中选择"交换图像"选项，如图7-119所示。

微课视频

交换图像

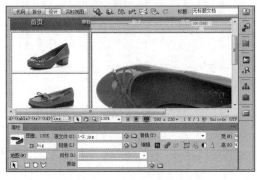

图7-118 为图像添加ID

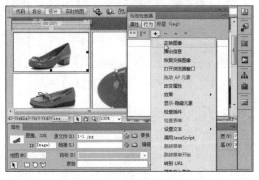

图7-119 选择行为（三）

（3）打开"交换图像"对话框，在"图像"列表框中选择"图像'big'"选项，单击"设定原始档为"文本框右侧的 浏览 按钮，如图7-120所示。

（4）打开"选择图像源文件"对话框，选择"1-2.jpg"素材图像，单击 确定 按钮，如图7-121所示。

（5）返回"交换图像"对话框，取消选中"鼠标滑开时恢复图像"复选框，单击 确定 按钮，如图7-122所示。

（6）在"行为"面板中更改所添加行为的事件为"onClick"，如图7-123所示。

图7-120　选择图像

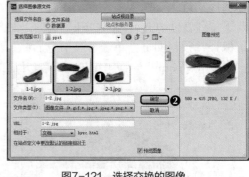

图7-121　选择交换的图像

图7-122　设置交换图像的其他属性

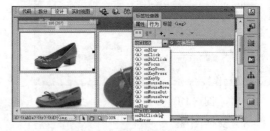

图7-123　设置事件（二）

（7）选择左侧第二张小图，在"行为"面板中单击"添加行为"按钮 ，在打开的下拉列表框中选择"交换图像"选项，如图7-124所示。

（8）打开"交换图像"对话框，在"图像"列表框中选择"图像'big'"选项，单击"设定原始档为"文本框右侧的 浏览 按钮，如图7-125所示。

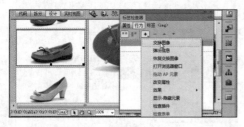

图7-124　选择行为（四）

图7-125　选择图像

（9）打开"选择图像源文件"对话框，选择"2-2.jpg"素材图像，单击 确定 按钮，如图7-126所示。

（10）返回"交换图像"对话框，取消选中"鼠标滑开时恢复图像"复选框，单击 确定 按钮，如图7-127所示。

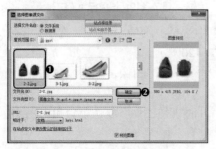

图7-126　选择交换图像

图7-127　设置交换图像的其他属性

（11）在"行为"面板中更改所添加行为的事件为"onClick"，如图7-128所示。

（12）选择网页左侧第三张小图，按相同方法添加"交换图像"行为，设置事件为"onClick"，交换的图像为"3-2.jpg"素材图像，如图7-129所示。

图7-128　设置事件（三）

图7-129　添加行为（一）

（13）选择网页左侧第四张小图，按相同方法添加"交换图像"行为，设置事件为"onClick"，交换的图像为"4-2.jpg"素材图像，如图7-130所示。

（14）保存并预览网页，此时单击左侧任意小图，右侧便显示对应的大图效果，如图7-131所示。

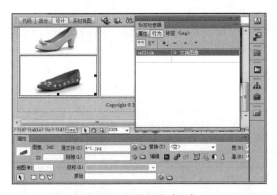

图7-130　添加行为（二）

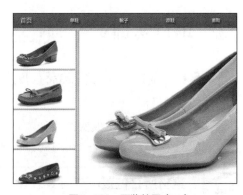

图7-131　预览效果（二）

4. 效果

"效果"行为可以为网页中的网页元素添加各种有趣的动态效果，如"增大/收缩""挤压""晃动""显示/渐隐""高亮颜色"等。这些效果的设置流程大致相同，下面以在"ppzt.html"网页文件中为图像添加"显示/渐隐"行为为例，介绍"效果"行为的添加方法，具体操作如下。

微课视频

效果

（1）选择网页右侧的大图，在"行为"面板中单击"添加行为"按钮
，在打开的下拉列表框中选择"效果"/"显示/渐隐"选项，如图7-132所示。

（2）打开"显示/渐隐"对话框，分别设置"渐隐自"和"渐隐到"文本框中的数值为"50"和"100"，单击 确定 按钮，如图7-133所示。

（3）在"行为"面板中更改所添加行为的事件为"onMouseMove"，如图7-134所示。

（4）保存并预览网页，将鼠标指针移至大图上时会出现图7-135所示的"显示/渐隐"效果。

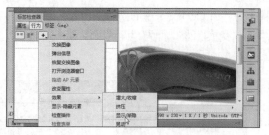

图7-132 选择行为（五）

图7-133 设置"显示/渐隐"效果

图7-134 设置事件（四）

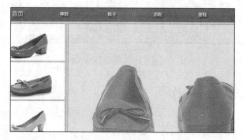

图7-135 预览效果（三）

7.5 项目实训

7.5.1 制作"合作交流"网页

1. 实训目标

本实训需要通过模板快速制作"合作交流"网页，制作时可先创建模板，然后应用模板。完成的参考效果如图7-136网页。

素材所在位置 素材文件\第7章\项目实训\hzjl
效果所在位置 效果文件\第7章\项目实训\hzjl\rjdxhzjl.html

"合作交流"网页
效果

制作"合作交流"网页

图7-136 "合作交流"网页效果

2．专业背景

在同一网站的不同网页中，往往有许多相同的板块，如网站Logo、Banner和版权区等，这些内容应尽量使用模板，以便提高制作效率。使用模板时一定要注意以下两点问题。

● 模板文件决不允许出现错误内容，包括错误的文字、图像和超链接等，否则将直接影响整个网站的专业性。

● 非固定板块不用模板，否则非但不能提高效率，修改内容时还会增加工作量和操作难度。

3．操作思路

根据实训要求，可先创建模板，然后编辑模板，最后通过创建的模板创建网页，操作思路如图7-137所示。

① 创建模板

② 根据模板创建网页

图7-137　制作"合作交流"网页的操作思路

【步骤提示】

（1）打开"rjdthzjl.html"网页文件，将网页另存为模板，并创建两个可编辑区域。

（2）保存模板并关闭，然后通过模板新建"rjdxhzjl.html"网页，在可编辑区域中编辑具体的内容。

（3）完成后保存网页，并按【F12】键预览。

7.5.2　制作"在线留言"网页

1．实训目标

本实训需要制作"在线留言"网页，网页的主要信息包括用户的姓名、邮箱、单位、联系电话、留言性质、留言内容等，完成后的参考效果如图7-138所示。

图7-138　"在线留言"网页效果

微课视频

制作"在线留言"网页

高清彩图

"在线留言"网页效果

171

效果所在位置 效果文件\第7章\项目实训\zxly\message.html

2．专业背景

在实际工作中制作表单网页时注意以下3个方面，可以提高表单制作的专业水平。

● 制作表单网页前需先插入一个表单，然后向表单中添加各种表单对象。如果没有插入表单而直接插入表单对象，则Dreamweaver会弹出对话框询问用户是否添加表单。

● 不要统一命名表单对象，而应根据实际需要进行不同的设置，否则可能会出现选择混乱的情况。但有时也需要设置相同的名称，如分别添加了两个单选按钮，如果名称不一样则会出现两个单选按钮都可单击选中的情况；如果将两个单选按钮设置为相同的名称，则在网页中只能单击选中一个。

● 很多表单网页仅收集用户的一些文字信息，如用户名、密码、联系方式、出生年月等。如果需要用户提供一些文件信息，如单独的个人简历、照片等，则可在表单中添加文件域，让用户单击文件域按钮向表单中添加附加文件。

3．操作思路

完成本实训需要添加Spry验证文本区域和文本字段、添加单选按钮组和Spry验证文本区域、添加按钮表单等，操作思路如图7-139所示。

①添加Spry验证文本区域和文本字段　　②添加单选按钮组和Spry　　③添加按钮表单
验证文本区域

图7-139　制作"在线留言"网页的操作思路

【步骤提示】

（1）新建"message.html"网页文件，设置文本大小为"12"，背景颜色为"#FF9"。

（2）插入一个表单标签，添加ID为"name"的Spry验证文本域，设置文本域的"字符宽度"为"26"，"最多字符数"为"12"，"初始值"为"请输入您的姓名"，"验证"为"onBlur"。

（3）添加ID为"mail"的Spry验证文本域，设置文本域的"字符宽度"为"26"，"最多字符数"为"20"，"初始值"为"请输入您的电子邮件地址"，"验证类型"为"电子邮件地址"，"验证"为"onBlur"。

（4）使用相同的方法在下方添加ID为"danwei"的文本字段；添加ID为"phone"的Spry验证文本域，并设置"验证类型"为"电话号码"。

（5）在下方添加一个单选按钮组，并设置单选按钮的名称为"公开"和"悄悄话"。

（6）在下方添加一个Spry验证文本区域，并添加名称为"马上提交"和"重新填写"的按钮，完成后保存网页。

7.5.3 制作"登录"板块

1. 实训目标

本实训需要完善"蓉锦大学"网站"首页"网页的"登录"板块,要求实现网页数据与后台的交互。完成后的参考效果如图7-140所示。

 素材所在位置 素材文件\第7章\项目实训\d1
效果所在位置 效果文件\第7章\项目实训\d1\rjdx_sy.html

微课视频

制作"登录"板块

高清彩图

"登录"板块的
参考效果

图7-140 "登录"板块的参考效果

2. 专业背景

网站中的登录板块不仅可以为网站服务器提供用户登录数据,使管理者能及时获取网站访问量等数据,还可以起到吸引用户的作用。越来越多的大型网站将登录板块和首页放在一起设计,可见登录板块的重要性。一个出彩的登录板块将提升网站品质,赋予网站独特的气质。登录板块也是体现情感化设计、提升用户体验、拉近网站与用户之间距离的重要途径。一般来讲,做到以下3点可使登录板块更易受到用户的欢迎。

- 登录板块简洁大方。减少登录数据,扩大输入和设置数据的区域,以简化用户的操作。有些网站的登录界面除了背景以外,只包含输入用户名和密码的文本框,以及一个登录按钮,这种设计往往得到许多用户的青睐。
- 通过精美的质感体现登录板块。在设计登录板块时,也可在网页中单击与登录相关的超链接后,打开一个充满质感的登录板块,如Apple公司的"iCloud"登录板块。这种登录板块只占用较小的网页空间,还能使用户更加准确地完成登录操作。
- 合理设计背景。为了体现网站的特性,有的设计者喜欢在登录网页的背景中添加精美的插图或其他图像。这样不仅能够丰富网页效果,还不会干扰用户登录。

3. 操作思路

完成本实训可先创建表单,然后向表单中添加各种元素,最后添加行为来检查表单,操作思路如图7-141所示。

【步骤提示】

(1)打开"rjdx_sy.html"网页文件,删除右侧的登录板块的表格,然后插入一个表单,并在表单中添加相关的表单元素。

(2)利用"行为"面板插入一个"检查表单"行为,设置行为为必须输入用户名,且为任何语言;必须输入密码,且为8位数字,完成后保存网页。

①创建表单

②添加检测表单行为

图7-141　制作"登录"网页板块的操作思路

7.6　课后练习

本章主要介绍了模板、库、表单和行为在网页中的应用，包括创建、编辑、应用与管理模板，以及认识"资源"面板，创建、应用、编辑、更新和分离库文件等知识；还介绍了在Dreamweaver中使用表单和行为的操作，包括表单的基础操作、在表单中添加各种表单元素、行为的基础知识、常用行为的使用方法等知识。对于本章的内容，设计者应尽量掌握，以便在实际工作中灵活运用，提高网页制作效率。

练习1：制作"航班查询"网页

本练习需要制作"航班查询"网页，要求通过列表/菜单、按钮来完成，完成后的效果如图7-142所示。

　效果所在位置　效果文件\第7章\课后练习\hbcx\hangban.html

图7-142　"航班查询"网页效果

要求操作如下。

- 新建"hangban.html"网页文件，在网页中插入表格，并设置表格属性。
- 添加表单标签，输入文本"出发城市："，在文本右侧添加一个ID和name均为"go"的列表/菜单，在"属性"面板中设置其列表值。
- 在下方的单元格中输入文本"到达城市："，复制添加的列表/菜单，将列表/菜单的ID和name均修改为"go2"。
- 在下一行单元格中输入文本"出发日期："，在文本右侧分别插入ID为"year""month""day"的3个列表/菜单，根据需要设置列表值。
- 在下一行单元格中输入文本"航空公司："，在文本右侧添加一个ID为"corp"的列表/菜单，并根据需要设置列表值。

- 在下一行单元格中输入文本"航段类型："，在文本右侧添加ID为"type"的单选按钮组，并分别设置"标签"和"选定值"为"直达、1"和"所有、2"。
- 在最后一行单元格中添加按钮，并设置按钮的"值"为"国内航班实时查询"。保存网页，完成网页的制作。

练习2：制作"论坛注册"网页

本练习要求打开"zhuce.html"网页文件，运用所学的知识制作一个论坛用户注册网页，完成后的效果如图7-143所示。

素材所在位置　素材文件\第7章\课后练习\论坛
效果所在位置　效果文件\第7章\课后练习\论坛\zhuce.html

图7-143　"论坛注册"网页效果

要求操作如下。

- 打开"zhuce.html"网页文件，为"*昵称："添加Spry验证文本域，为"*密码："添加文本字段。
- 为"*再次输入密码："添加Spry验证确认，为"您是："添加单选按钮组，为"生日："添加文本字段和列表/菜单。
- 为"Email："添加Spry验证文本域并设置类型为"电子邮件地址"，为"从哪里了解到本网站："添加复选框组，为"个性宣言："添加文本区域。
- 最后添加"提交"和"重置"按钮。

7.7　技巧提升

1. 表单制作技巧

下面介绍表单制作的技巧。

- **优化表单布局**：设计表单时，如果表单结构较为复杂或表单元素的位置排列和布局不太美观，则可以使用表格优化表单结构。例如，利用单元格分隔不同的表单元素，实现复杂的表单布局，从而设计出布局合理、外观精美的表单。
- **优化界面外观**：默认添加的表单对象的外观是固定的，如果需要设置个性化的外观，则可以通过CSS样式定义并美化表单。例如，希望制作个性化的按钮效果，可为按钮创建一个专门的CSS样式规则，在CSS样式规则中设置按钮文本样式、背景和边框等属性；也可以直接使用表单对象中的图像域代替按钮，将任何一幅图像作为按钮使用。
- **隐藏与显示表单虚线框**：如果插入表单后，网页文档中没有显示出红色虚线框，则可执行【查看】/【可视化助理】/【不可见元素】菜单命令显示红色虚线框，再次执行该菜单命令可隐藏红色虚线框。

● **表单对象的添加途径**：在Dreamweaver CS6中，可以通过3种途径添加表单对象，第一种是在"插入"工具栏的"表单"选项卡中添加表单对象；第二种是执行【插入】/【表单】菜单命令，在打开的子菜单中选择需要的表单对象；第三种是执行【插入】/【Spry】菜单命令，在打开的子菜单中选择需要的Spry验证构件。

2．调用JavaScript

"调用JavaScript"行为可以让设计者使用"行为"面板指定一个自定义功能，或当一个事件发生时执行一段JavaScript代码。在文档中选择触发行为的对象，然后从行为列表中选择"调用JavaScript"选项，打开"调用JavaScript"对话框，在文本框中输入JavaScript代码或函数名，如图7-144所示。单击 确定 按钮关闭对话框，在"行为"面板中将事件设置为"onClick"，完成添加"调用JavaScript"行为的操作。

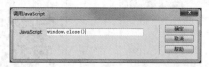

图7-144 "调用JavaScript"对话框

3．设置预先载入图像

当网页中包含很多图像，而一些图像不能同时被下载，但需要显示这些图像时，浏览器会再次向服务器请求指令继续下载图像，这种情况会给浏览网页造成一定程度的延迟，这时可以使用"预先载入图像"行为将还未显示的图片预先载入浏览器的缓冲区。在文档中选择触发行为的对象，然后从行为列表中选择"预先载入图像"选项，打开"预先载入图像"对话框，在"图像源文件"文本框中选择图像的源文件，然后单击 按钮将其添加到"预先载入图像"列表框中，如图7-145所示。单击 确定 按钮关闭对话框，完成设置。

图7-145 "预先载入图像"对话框

4．获取更多行为

Dreamweaver虽然预置了一些行为，但很难满足所有设计者学习或工作上的需要。此时可利用Dreamweaver的"获取更多行为"功能在网上下载并使用更多的行为。

单击"行为"面板上的"添加行为"按钮 ，在打开的下拉列表框中选择"获取更多行为"选项，将自动启动计算机中已安装的浏览器，并访问Adobe公司的官方网站。在官方网站可下载更多的行为（Adobe官网上的大多数文件都是免费提供的，但也有少部分需要收费，收费文件的特点在于文件右上方会出现 Buy 按钮）。在官方网站中单击"Dreamweaver"超链接，在打开的网页中查找需要的行为文件，单击 Download 按钮下载使用。

需要注意的是，行为文件的扩展名通常为".mxp"，也有部分行为文件直接以网页的形式提供。对于这种行为文件，使用时可以直接复制行为相应的代码。

第8章
制作ASP动态网页

情景导入

　　掌握了表单的制作方法后，米拉对表单中的"提交"按钮很好奇，输入表单中的数据，最后提交到什么地方了呢？老洪告诉米拉，只要制作动态网页，表单中的数据就可以提交到网站后台，供网站管理人员查看和管理。

学习目标

● **掌握配置动态网页数据源的方法**

　　如动态网页基础、安装与配置IIS、使用Access创建数据表、创建与配置动态站点、创建数据源等。

● **掌握"登录数据管理"网页的制作方法**

　　如创建记录集、插入记录、插入重复区域、分页记录集等。

● **掌握"加入购物车"网页的制作方法**

　　如配置IIS和动态站点、创建数据表并连接数据源、绑定记录集并插入字段、使用插入记录表单向导等。

案例展示

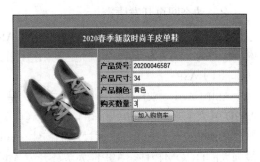

▲ "登录数据管理"网页效果　　　　　▲ "加入购物车"网页效果

8.1 课堂案例：配置动态网页数据源

米拉听了老洪的解释，对制作动态网页非常感兴趣。老洪告诉米拉要想制作动态网页，需要进行一系列准备工作，否则无法实现动态网页的功能。

本案例涉及动态网页基础、安装与配置IIS、使用Access创建数据表、创建与配置动态站点，以及创建数据源等。图8-1所示为利用Access数据表软件创建的"user"数据表。

 效果所在位置　效果文件\第8章\课堂案例\d1sig1\userinfo.accdb

图8-1　"user"数据表

8.1.1 动态网页基础

动态网页技术是可以动态管理网页数据的网页编程技术。在制作动态网页之前，需了解动态网页的相关基础知识。

1．认识动态网页

本书前面制作的扩展名为".html"的网页文件均为静态网页，动态网页的扩展名多为".asp"".jsp"".php"等。另外，动态网页并不是指网页上会出现各种动态效果，如动画或滚动字幕等，而是指可以提取数据库中的数据并及时显示在网页中。动态网页也可收集用户在表单中填写的各种信息以管理数据。这些都是静态网页不具备的强大功能。

总的来说，动态网页具有以下3个方面的特点。

● 动态网页以数据库技术为基础，可以减少维护网站数据的工作量。

● 动态网页可以实现用户注册、用户登录、在线调查和订单管理等多种功能。

● 动态网页并不是独立存在于服务器上的网页，只有当用户发出请求时，服务器才会返回一个完整的网页。

2．动态网页开发语言

目前主流的动态网页开发语言主要有ASP、ASP.NET、PHP和JSP等，在选择开发技术时，应该综合考虑语言特点和所建网站适用的平台。下面讲解这4种语言的特点。

（1）ASP

ASP（Active Server Page）的中文含义是"活动服务器网页"。自从Microsoft推出ASP后，ASP以强大的功能、简单易学的操作受到广大Web开发人员的喜爱。不过ASP只能在Windows平台下使用，虽然ASP可以通过增加控件在Linux平台使用，但是在Linux平台不能使用ASP功能最强大的DCOM控件。ASP作为Web开发人员的常用工具之一，具有6个突出特点，分别介绍如下。

● **简单易学**：使用VBScript、JavaScript等简单易懂的脚本语言，结合HTML代码，可快速完成网站应用程序的开发。

● **构建的站点维护简便**：VBScript普及很广，如果设计者对VBScript不熟悉，则还可以使用JavaScript或Perl等来编写ASP网页。

● **可以使用标签**：所有可以在HTML文件中使用的标签语言都可用于ASP文件中。

● **适用于任何浏览器**：对于客户端的浏览器来说，ASP和HTML仅有后缀的区别。当客户端提出ASP申请后，服务器将"<%"和"%>"之间的内容解释成HTML并传送到客户端的浏览器上，浏览器只接受HTML格式的文件，因此ASP适用于任何浏览器。

● **运行环境简单**：只要在计算机上安装IIS或PWS，并把存放ASP文件的目录属性设为"执行"，就可以直接在浏览器中浏览ASP文件，并看到执行的结果。

● **支持COM对象**：在ASP中使用COM对象非常简便，只需一行代码就能创建一个COM对象的实例。设计者既可以直接在ASP网页中使用Visual Basic和Visual C++中各种功能强大的COM对象，还可创建自己的COM对象，直接在ASP网页中使用。

> **知识提示**
>
> ### 如何打开ASP网页
>
> ASP网页是以".asp"为扩展名的纯文本文件，可以用任何文本编辑器（如记事本）打开和编辑，也可以采用一些带有ASP增强支持的编辑器（如Microsoft Visual InterDev和Dreamweaver）简化编程工作。

（2）ASP.NET

ASP.NET是一种编译型编程框架，核心是NGWS runtime。除了和ASP一样可以采用VBScript和JavaScript作为编程语言外，ASP.NET还可以用VB和C#语言编写。这就决定了ASP.NET的强大功能，使ASP.NET可以进行很多低层操作而不必借助其他编程语言。

ASP.NET是一个建立服务器端Web应用程序的框架，是ASP 3.0的后继版本。但ASP.NET不仅是ASP的简单升级，还是Microsoft推出的新一代ASP脚本语言。ASP.NET是微软发展的新型体系结构.NET的一部分，它的全新技术架构会让用户的网络生活变得更简单。ASP.NET吸收了ASP以前版本的优点，并参照 Java、VB语言的开发优势加入了许多新的特色，同时也修正了以前ASP版本的运行错误。

（3）PHP

PHP（Pre Hypertext Preprocesser）是编程语言和应用程序服务器的结合。PHP的真正价值在于PHP是一个应用程序服务器，而且是开发程序，任何人都可以免费使用，也可以修改源代码。PHP有如下9个特点。

● **开放源码**：所有的PHP源码用户都可以得到。

● **没有运行费用**：PHP是免费的。

● **基于服务器端**：PHP是在Web服务器端运行的，PHP程序可以很大、很复杂，但不会降低客户端的运行速度。

● **跨平台**：PHP程序可以运行在UNIX、Linux、Windows操作系统中。

● **嵌入HTML**：PHP语言可以嵌入HTML内部。

- **简单的语言**：与Java和C++语言不同，PHP语言坚持以基本语言为基础，可支持任何类型的Web站点。
- **效率高**：和其他解释性语言相比，PHP消耗的系统资源较少。当PHP作为Apache Web服务器的一部分时，运行代码不需要调用外部二进制程序，服务器解释脚本不会有任何额外负担。
- **分析XML**：用户可以组建一个能够读取可扩展标记语言（Extensible Markup Language，XML）信息的PHP版本。
- **数据库模块**：PHP支持任何开放数据库连接（Open Datebase Connectivity，ODBC）标准的数据库。

（4）JSP

JSP（Java Server Page）是一种动态网页技术标准。JSP为创建动态的Web应用提供了一个独特的开发环境，JSP能够适应市场上包括Apache WebServer和IIS在内的大多数服务器产品。

JSP与Microsoft的ASP在技术上虽然非常相似，但也有许多的区别。ASP的编程语言是VBScript等脚本语言，JSP使用的是Java，这是两者最明显的区别。此外，ASP与JSP还有一个更为本质的区别：两种语言引擎用完全不同的方式处理网页中嵌入的程序代码。在ASP下，VBScript代码被ASP引擎解释执行；在JSP下，代码被编译成Servlet并由Java虚拟机执行，这种编译操作仅在对JSP网页的第一次请求时发生。JSP有如下8个特点。

- **动态网页与静态网页分离**：JSP脱离了硬件平台的束缚，以及编译后运行等，JSP的执行效率大大提高，使JSP逐渐成为互联网上的主流开发工具。
- **以"<%"和"%>"作为标识符**：JSP和ASP在结构上类似，但ASP在标识符之间的代码为JavaScript或VBScript脚本，而JSP为Java代码。
- **适应平台更广**：多数平台支持Java，JSP+JavaBean在所有平台都适用。
- **JSP的效率高**：JSP在执行之前先被编译成字节码（Byte Code），字节码由Java虚拟机（Java Virtual Machine）解释执行，比源码解释的效率高；服务器上还有字节码的Cache机制，能提高字节码的访问效率。第一次调用JSP网页时可能稍慢，因为JSP被编译成Cache，之后会变快。
- **安全性更高**：JSP源程序不大可能被下载，特别是JavaBean程序完全可以放在不对外的目录中。
- **组件（Component）方式更方便**：JSP通过JavaBean实现了功能扩充。
- **可移植性好**：从一个平台移植到另外一个平台，JSP和JavaBean甚至不用重新编译，因为Java字节码都是标准的，与平台无关。在Windows IIS下的JSP网页可直接在Linux中运行。

3．动态网页的开发流程

要创建动态网站，首先应确定网页语言，如ASP、ASP.NET、PHP、JSP等；然后确定数据库软件，如Access、MySQL、Oracle、Sybase等；接着确定开发动态网页的网站开发工具，如Dreamweaver、Frontpage等；然后需要确定服务器，以便先安装和配置服务器，并利用数据库软件创建数据库及表；最后在网站开发工具中创建站点并开始动态网页的制作。

在制作动态网页的过程中，一般先制作静态网页，然后创建动态内容，即创建数据库、请求变量、服务器变量、表单变量、预存过程等内容。将这些源内容添加到网页中，最后测试整个网页，测试通过即可完成该动态网页的制作；如果未通过，则检查修改，直至通过为止。最后将完成本地测试的整个网站上传到申请的互联网空间中，再次进行测试，测试成功后就可正式运行了。

4．Web服务器

Web服务器的功能是根据浏览器的请求提供文件服务，Web服务器是动态网页不可或缺的工具。目前常见的Web服务器有IIS、Apache、Tomcat等。

- IIS：IIS是Microsoft公司开发的功能强大的Web服务器，可以在Windows NT以上的系统中有效支持ASP动态网页。虽然不能跨平台的特性限制了IIS的使用范围，但Windows操作系统的普及使IIS得到了广泛应用。IIS主要提供FTP、HTTP、SMTP等服务，使互联网成为一个正规的应用程序开发环境。

- Apache：Apache是一款非常优秀的Web服务器，是目前世界市场占有率较高的Web服务器；Apache为网络管理员提供了非常多的管理功能，主要用于UNIX和Linux平台，也可在Windows平台中使用。Apache的特点是简单、快速、性能稳定，并可作为代理服务器使用。

- Tomcat：Tomcat是Apache组织开发的一种JSP引擎，本身具有Web服务器的功能，可作为独立的Web服务器使用。但是在作为Web服务器方面，Tomcat处理静态HTML网页时不如Apache迅速，也没有Apache稳定，所以可将Tomcat与Apache配合使用，让Apache对网站的静态网页请求提供服务，而Tomcat作为专用的JSP引擎，提供JSP解析，使网站具有更好的性能。

8.1.2 安装与配置IIS

IIS是较适合初学者使用的Web服务器，下面介绍如何安装和配置Web服务器，具体操作如下。

微课视频
安装与配置 IIS

（1）在计算机桌面执行【开始】/【控制面板】菜单命令，在打开的"控制面板"窗口中单击"卸载程序"超链接，在打开的窗口中单击"打开或关闭Windows功能"超链接，如图8-2所示。

（2）打开"Windows功能"窗口，展开"Internet信息服务"选项，单击选中"Web管理工具"复选框，如图8-3所示。

图8-2 单击超链接

图8-3 设置Internet信息服务

（3）单击 确定 按钮，安装选中的功能。

（4）返回"控制面板"窗口，单击"管理工具"超链接，打开"管理工具"窗口，双击"Internet信息服务(IIS)管理器"选项，如图8-4所示。

（5）打开"Internet信息服务(IIS)管理器"窗口，在左侧列表中展开"网站"选项并选择"Default Web Site"选项，在右侧列表中双击"ASP"选项，如图8-5所示。

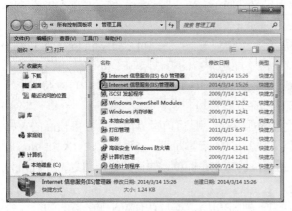
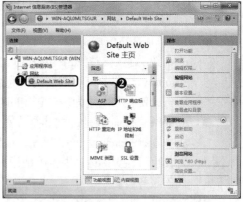

图8-4　打开信息管理器　　　　图8-5　设置Default Web Site主页

（6）在"启用父路径"属性的右侧设置值为"True"，然后单击右侧的"应用"超链接确认，如图8-6所示。

（7）在左侧的"Default Web Site"选项上单击鼠标右键，在弹出的快捷菜单中执行【添加虚拟目录】命令，打开"添加虚拟目录"对话框，在对话框中设置"别名"为"sfw"，单击　按钮，打开"浏览文件夹"对话框，在对话框中选择F盘下的"sfw"文件夹，单击　确定　按钮确认设置，如图8-7所示。

图8-6　设置父路径　　　　图8-7　新建虚拟目录

（8）返回"添加虚拟目录"对话框，设置别名和物理路径后单击　确定　按钮，如图8-8所示。返回"Internet信息服务(IIS)管理器"窗口，在窗口中可看到添加的物理路径，如图8-9所示。关闭该窗口，完成IIS的配置。

图8-8 完成目录创建

图8-9 查看创建的目录

8.1.3 使用Access创建数据表

Access是Office办公组件之一，用于创建和管理数据库。要获取动态网页中的数据，需要使用数据库收集和管理这些数据。下面以在Access 2010中创建数据表为例，介绍使用Access创建数据表的方法，具体操作如下。

微课视频

使用 Access 创建
数据表

（1）启动Access 2010，在Access 2010的操作界面中执行【文件】/【新建】菜单命令，在打开的窗口中单击"空数据库"按钮，再单击右侧的"浏览文件"按钮。

（2）打开"文件新建数据库"对话框，设置保存位置为D盘下的"login"文件夹，文件名为"userinfo.accdb"，单击 确定 按钮，如图8-10所示。

（3）返回Access窗口，单击"创建"按钮，如图8-11所示。

（4）创建空数据库后，在窗口中单击"表格工具/字段"选项卡，选择"视图"组，单击"视图"按钮，在打开的下拉列表框中选择"设计视图"选项，如图8-12所示。

图8-10 设置数据库的名称和保存位置

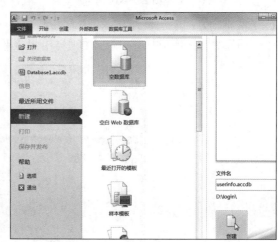

图8-11 创建数据库

（5）此时自动打开"另存为"对话框，在"表名称"文本框中输入文本"user"，单击 确定 按钮，保存默认创建的空数据表，如图8-13所示。

图8-12　切换视图模式　　　　　　　　　图8-13　保存数据表

（6）在"字段名称"栏下的空单元格中输入文本"UserID"，如图8-14所示。

（7）在"字段名称"栏下的第二个单元格中输入文本"UserName"，将对应的数据类型设置为"文本"，并添加"用户名称"说明，如图8-15所示。

图8-14　添加表字段（一）　　　　　　　图8-15　添加表字段（二）

（8）按相同方法添加名为"UserPassword"的字段，数据类型为"文本"，说明为"登录密码"，如图8-16所示。按【Ctrl+S】组合键保存数据表后关闭Access 2010。

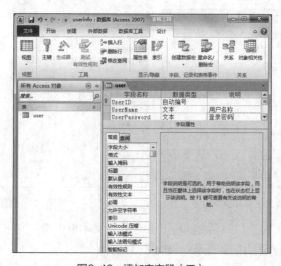

图8-16　添加表字段（三）

8.1.4 创建与配置动态站点

为了让动态网页与数据库文件相关联，需要在Dreamweaver中创建
与配置动态站点。下面创建并配置名为"login"的动态站点，具体操作
如下。

（1）在Dreamweaver工作界面中执行【站点】/【新建站点】菜单命
令，如图8-17所示。

（2）打开"站点设置对象login"对话框，在对话框左侧的列表框中选
择"站点"选项，设置站点名称为"login"，"本地站点文件夹"为D盘下的"login"
文件夹，如图8-18所示。

图8-17 新建站点

图8-18 设置站点的名称和保存位置

（3）在文件夹左侧的列表框中选择"服务器"选项，单击右侧的"添加"按钮 ，如图
8-19所示。

（4）打开设置服务器的界面，在"服务器名称"文本框中输入文本"login"，在"连接方
法"下拉列表框中选择"本地/网络"选项，单击"服务器文件夹"文本框右侧的"浏
览文件夹"按钮 ，如图8-20所示。

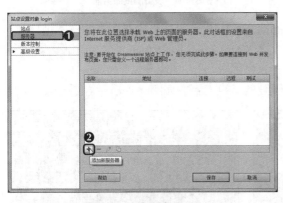

图8-19 添加服务器

图8-20 配置服务器的基本信息

（5）打开"选择文件夹"对话框，双击站点中的"login"文件夹，然后单击 选择(S) 按
钮，如图8-21所示。

（6）返回设置服务器的界面，在"Web URL"文本框中输入文本"http://localhost/
login/"，单击上方的 高级 按钮，如图8-22所示。

图8-21 选择文件夹　　　　　　　图8-22 设置"Web URL"

（7）在打开的界面中选择"服务器模型"下拉列表框中的"ASP VBScript"选项，单击
　　　[保存]按钮，如图8-23所示。

（8）返回"站点设置对象 login"对话框，取消选中"远程"栏下的复选框，并单击选中
　　　"测试"栏下的复选框，如图8-24所示。

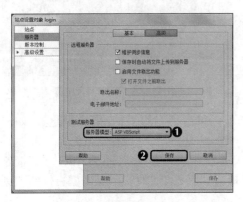

图8-23 设置服务器模型　　　　　　　图8-24 设置测试服务器

（9）在"站点设置对象login"对话框左侧的列表框中选择"高级设置"下的"本地信息"
　　　选项，在"Web URL"文本框中输入文本"http://localhost/login/"，单击[保存]按
　　　钮，如图8-25所示。

（10）打开"文件"面板，在面板中可看到创建的站点内容，如图8-26所示。

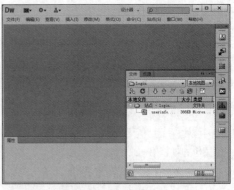

图8-25 设置服务器地址　　　　　　　图8-26 完成站点的创建

8.1.5 创建数据源

创建动态站点后,还需要创建数据源,使动态网页中的数据能直接关联数据库中的数据。下面新建ASP动态网页,并在网页中创建数据源,具体操作如下。

（1）打开"控制面板"窗口,在其中单击"管理工具"超链接,打开"管理工具"窗口,双击"数据源(ODBC)"图标🗔,如图8-27所示。

（2）打开"ODBC 数据源管理器"对话框,单击 添加(D)... 按钮,如图8-28所示。

图8-27 启用数据源工具

图8-28 添加系统数据源

（3）打开"创建新数据源"对话框,在"名称"列表框中选择"Microsoft Access Driver（*.mdb,*.accdb）"选项,单击 确定 按钮,如图8-29所示。

（4）打开"ODBC Microsoft Access 安装"对话框,在"数据源名"文本框中输入文本"conn",在"说明"文本框中输入文本"用户登录数据",单击"数据库"栏中的 选择(S)... 按钮,如图8-30所示。

图8-29 选择数据源驱动程序

图8-30 设置数据库

（5）打开"选择数据库"对话框,在"驱动器"下拉列表框中选择D盘,双击上方列表框中的"login"文件夹,并在左侧的列表框中选择已创建的"userinfo.accdb"数据库文件,单击 确定 按钮,如图8-31所示。

（6）返回"ODBC Microsoft Access 安装"对话框,单击 确定 按钮,如图8-32所示。

（7）在打开的"新建文档"对话框中选择"ASP VBScript"动态网页,单击 创建(R) 按钮,如图8-33所示。

（8）执行【窗口】/【数据库】菜单命令,打开"数据库"面板,单击"添加"按钮➕,在打开的下拉列表框中选择"数据源名称(DSN)"选项，如图8-34所示。

图8-31 选择数据库文件

图8-32 确认设置

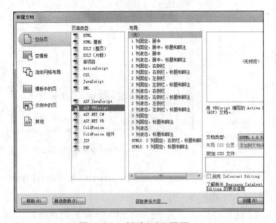

图8-33 新建ASP网页

图8-34 新建数据源

（9）打开"数据源名称(DSN)"对话框，在"连接名称"文本框中输入文本"testconn"，在"数据源名称(DSN)"下拉列表框中选择"conn"选项，单击 确定 按钮，如图8-35所示。

（10）完成数据源的创建，此时"数据库"面板中出现"testconn"数据源，展开该目录后可看到已创建的"user"数据表，如图8-36所示。

图8-35 设置连接名称

图8-36 完成创建

8.2 课堂案例：制作"登录数据管理"网页

完成制作动态网页的各项准备工作后，老洪让米拉制作"登录数据管理"网页，要求该网页能实时反映数据库中登录数据的内容。

制作"登录数据管理"网页涉及创建记录集、插入记录、插入重复区域，以及分页记录集等操作。图8-37所示为"登录数据管理"网页的参考效果。

素材所在位置	素材文件\第8章\课堂案例\dlsjgl
效果所在位置	效果文件\第8章\课堂案例\dlsjgl\user.asp

网友登录数据管理		
编号	登录名称	登录密码
1	冷风@1014	18456287
2	雄霸天下2013	25841236
3	绝对秋	87413205
		上一页　　　下一页

图8-37　"登录数据管理"网页的参考效果

8.2.1　创建记录集

创建记录集可以将数据表中的各字段绑定到站点中，以便在动态网页中插入记录。下面以在"user.asp"网页文件中创建记录集为例，介绍创建记录集的方法，具体操作如下。

高清彩图　　"登录数据管理"网页的参考效果

微课视频　　创建记录集

（1）将"user.asp"和"userinfo.accdb"素材文件复制到计算机D盘中的"login"文件夹中。

（2）打开"user.asp"网页文件，执行【窗口】/【绑定】菜单命令，打开"绑定"面板，单击"添加"按钮，在打开的下拉列表框中选择"记录集（查询）"选项，如图8-38所示。

（3）打开"记录集"对话框，在"名称"文本框中输入文本"mes"，在"连接"下拉列表框中选择"testconn"选项，在"排序"下拉列表框中选择"UserID"选项，在右侧的下拉列表框中选择"升序"选项，单击 确定 按钮，如图8-39所示。

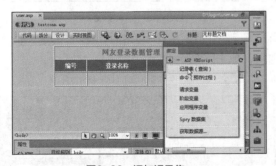

图8-38　添加记录集

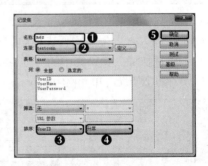

图8-39　设置记录集

（4）此时"绑定"面板中显示添加的记录集，如图8-40所示，单击记录集左侧的"展开"按钮。

（5）显示添加的记录集包含的内容，此内容便是后面需要用到的动态数据字段，如图8-41所示。

图8-40　添加的记录集　　　　　　　　图8-41　记录集中的内容

8.2.2　插入记录

添加记录集后，可在动态网页中插入需要用到的记录集中的各记录字段。只有插入字段的动态网页，才能实时显示数据库中的数据内容。下面在"user.asp"网页文件中插入记录，具体操作如下。

（1）将插入点定位到网页表格中"编号"项目下的第一个单元格中，按【Ctrl+M】组合键插入一行单元格，将插入点定位到第一个单元格中，在"绑定"面板中选择插入记录集中的"UserID"选项，单击 插入 按钮，如图8-42所示。

（2）在插入点所在单元格中插入"mes"记录中的"UserID"字段，如图8-43所示。

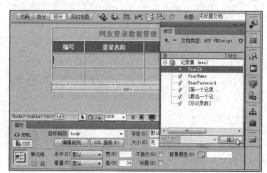

图8-42　定位插入点（一）　　　　　　　图8-43　插入字段（一）

（3）将插入点定位到网页表格中"登录名称"项目下的第一个单元格中，在"绑定"面板中选择插入记录集中的"UserName"选项，单击 插入 按钮，如图8-44所示。

（4）在插入点所在单元格中插入"mes"记录中的"UserName"字段，如图8-45所示。

图8-44　定位插入点（二）　　　　　　　图8-45　插入字段（二）

（5）将插入点定位到网页表格中"登录密码"项目下的第一个单元格中，在"绑定"面板中选择插入记录集中的"UserPassword"选项，单击 插入 按钮，如图8-46所示。

（6）在插入点所在单元格中插入"mes"记录中的"UserPassword"字段，如图8-47所示。

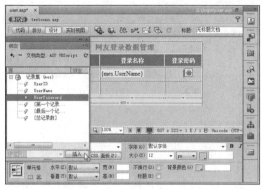

图8-46　定位插入点（三）

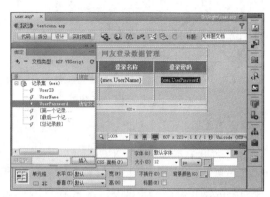

图8-47　插入字段（三）

8.2.3　插入重复区域

为了快速显示多个相同的记录内容，即在表格中显示多个用户的登录情况，避免一一插入对应的记录字段，可为已插入的字段设置重复区域，使重复区域自动显示数据库中的多项内容。下面在"user.asp"网页中插入重复区域，具体操作如下。

微课视频

插入重复区域

（1）将鼠标指针移至插入的记录字段所在行的左侧，当鼠标指针变为➡形状时单击选择整行，如图8-48所示。

（2）执行【窗口】/【服务器行为】菜单命令，打开"服务器行为"面板，单击"添加"按钮 ，在打开的下拉列表框中选择"重复区域"选项，如图8-49所示。

图8-48　选择行

图8-49　插入重复区域

（3）打开"重复区域"对话框，默认"记录集"下拉列表框中选择"mes"选项，设置"显示"的记录数量为"3"，单击 确定 按钮，如图8-50所示。

（4）所选行左上角显示"重复"字样，代表该区域中插入了重复区域，如图8-51所示。

图8-50　设置重复记录的数量

图8-51　完成重复区域的插入

8.2.4　分页记录集

当网页中无法同时显示所有记录内容时，可分页记录集，单击类似 "上一页"或"下一页"的超链接切换记录显示网页，从而更有效地利用有限的网页空间。下面在"user.asp"网页文件中分页记录集，具体操作如下。

微课视频

分页记录集

（1）将插入点定位到第三行最右侧的单元格中，单击"服务器行为"面板中的"添加"按钮，在打开的下拉列表框中选择"记录集分页"/"移至前一条记录"选项，如图8-52所示。

（2）打开"移至前一条记录"对话框，保持默认设置，单击 确定 按钮，如图8-53所示。

图8-52　插入记录集分页（一）

图8-53　设置链接目标（一）

（3）在插入点所在单元格中插入内容为"前一页"的超链接，如图8-54所示。

（4）在插入的超链接后插入若干空格，并取消空格的链接目标，然后单击"服务器行为"面板中的"添加"按钮，在打开的下拉列表框中选择"记录集分页"/"移至下一条记录"选项，如图8-55所示。

（5）打开"移至下一条记录"对话框，保持默认设置，单击 确定 按钮，如图8-56所示。

（6）在插入点所在单元格中插入内容为"下一个"的超链接，如图8-57所示。

（7）切换到代码视图，分别更改超链接显示的内容为"上一页"和"下一页"，如图8-58所示。

（8）返回设计视图，保存设置的网页，如图8-59所示。

图8-54 插入的记录集分页（一）

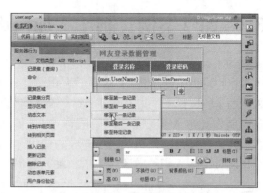

图8-55 插入记录集分页（二）

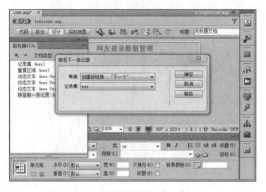

图8-56 设置链接目标（二）

图8-57 插入的记录集分页（二）

图8-58 更改代码

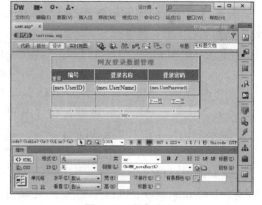

图8-59 保存网页

（9）预览网页，此时表格自动获取链接的数据表中的数据，并将数据显示在网页中。根据设置的重复区域数量，表格将显示3条数据内容，如图8-60所示。

（10）单击"下一页"超链接将显示数据表中其他未显示的数据记录，如图8-61所示。

图8-60 预览效果

图8-61 切换网页

8.3 课堂案例：制作"加入购物车"网页

　　为了让米拉更熟练地制作动态网页，老洪让米拉接着制作"加入购物车"网页，使用户可以在此网页中输入需要购买的产品的信息，如尺寸大小、颜色和购买数量等，然后单击"加入购物车"按钮将这些信息显示到"确认购买"的网页。

　　制作"加入购物车"网页同样涉及记录集的创建、记录的插入和重复区域的插入等内容，同时还涉及插入记录表单向导的使用。图8-62所示为"加入购物车"网页的参考效果，在该网页中输入相关内容后单击"加入购物车"按钮，可跳转到相应的"确认购买"网页。

素材所在位置　　素材文件\第8章\课堂案例\jrgwc
效果所在位置　　效果文件\第8章\课堂案例\jrgwc\buy.asp、shop.asp

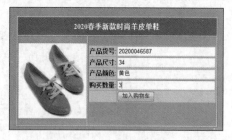

图8-62　"加入购物车"网页的参考效果

8.3.1 配置IIS和动态站点

　　在制作"加入购物车"网页之前，需要创建和配置IIS和动态站点，具体操作如下。

（1）在计算机中利用控制面板打开"管理工具"窗口，并在窗口中打开"Internet 信息服务(IIS)管理器"窗口，在左侧的"Default Web Site"选项上单击鼠标右键，在弹出的快捷菜单中执行【添加虚拟目录】命令，打开"添加虚拟目录"对话框，在对话框中设置别名为"buy"，单击■按钮，打开"浏览文件夹"对话框，选择D盘下的"buy"文件夹，此时"Internet信息服务(IIS)管理器"窗口如图8-63所示。

（2）在Dreamweaver中执行【站点】/【新建站点】菜单命令，创建动态站点，设置"站点名称"为"buy"，保存站点文件夹为D盘中的"buy"文件夹，如图8-64所示。

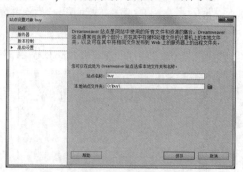

图8-63　创建IIS　　　　　　　　　　图8-64　设置站点的名称和保存位置

（3）设置站点"服务器名称"为"buy"，"连接方法"为"本地/网络"，"服务器文件夹"为"D:\buy"，"Web URL"为"http://localhost/buy/"，如图8-65所示。

（4）在"高级"栏中设置动态站点的"服务器模型"为"ASP VBScript"，单击 保存 按钮，如图8-66所示。

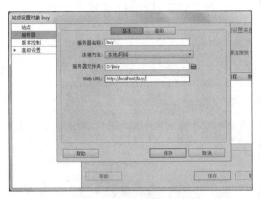

图8-65　设置服务器基本参数

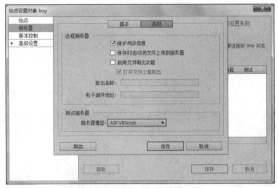

图8-66　设置服务器模型

（5）取消远程服务器功能，并设置为测试服务器，如图8-67所示。

（6）设置"Web URL"为"http://localhost/buy/"，如图8-68所示。

图8-67　设置为测试服务器

图8-68　设置Web URL地址

8.3.2　创建数据表并连接数据源

配置IIS和动态站点后，接下来需要利用Access创建数据表，并在Dreamweaver中连接数据源。下面创建名为"buy.accdb"的数据库，并再次介绍数据表的创建和数据源的连接方法，具体操作如下。

微课视频

创建数据表并连接数据源

（1）启动Access 2010，单击"文件"选项卡，在左侧的列表框中选择"新建"选项，在"可用模板"栏中选择"空数据库"选项，设置"文件名"为"buy.accdb"，保存在D盘的"buy"文件夹中，单击"创建"按钮 ，如图8-69所示。

（2）切换到设计视图，在打开的"另存为"对话框的"表名称"文本框中输入文本"buy"，单击 确定 按钮，如图8-70所示。

（3）切换到设计视图，创建4个字段，并设置字段名称、数据类型和说明，具体内容如图8-71所示。最后保存并关闭Access，完成数据表的创建。

图8-69　新建空数据库

图8-70　重命名数据表

图8-71　设置数据表字段

（4）打开"shop.asp"网页文件，并打开"数据库"面板，单击"添加"按钮，在打开的
下拉列表框中选择"数据源名称(DSN)"选项，如图8-72所示。

（5）打开"数据源名称(DSN)"对话框，设置"连接名称"为"testbuy"，在"数据源名称
(DSN)"下拉列表框中选择"buy"选项，单击 确定 按钮，如图8-73所示。

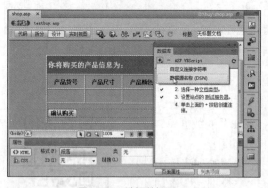

图8-72　选择数据源

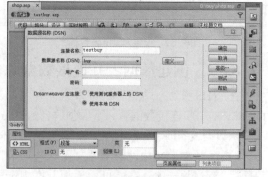

图8-73　设置数据源的名称

知识
提示

无法在"数据源名称(DSN)"下拉列表框中选择"buy"选项

出现无法在"数据源名称(DSN)"下拉列表框中选择"buy"选项的情况，
是因为没有向系统数据库添加该数据库，单击对话框右侧的 定义... 按钮，在打开
的对话框中按照前面介绍的创建数据源的方法操作，就能够选择"buy"选项。

8.3.3　绑定记录集并插入字段

完成以上操作作后，可将记录集中的字段插入网页中以获取数据表中的数据。下面在"shop.asp"网页文件中绑定记录集并插入字段，具体操作如下。

（1）在"shop.asp"网页文件中打开"绑定"面板，单击"添加"按钮，在打开的下拉列表框中选择"记录集（查询）"选项，如图8-74所示。

（2）打开"记录集"对话框，在"名称"文本框中输入文本"mes"，在"连接"下拉列表框中选择"testbuy"选项，在"排序"下拉列表框中选择"ID"选项，在右侧的下拉列表框中选择"升序"选项，单击 确定 按钮，如图8-75所示。

图8-74　绑定记录集

图8-75　设置记录集参数

（3）将插入点定位到"产品货号"项目下的空白单元格中，展开"绑定"面板中绑定的记录集，选择"ID"字段，单击 插入 按钮，如图8-76所示。

（4）插入点所在的单元格中出现选择的记录字段，如图8-77所示。

图8-76　选择字段

图8-77　插入字段

（5）按照相同的方法将其他字段插入网页中对应的空单元格中，如图8-78所示。

（6）选择记录字段所在的整行单元格，打开"服务器行为"面板，单击"添加"按钮，在打开的下拉列表框中选择"重复区域"选项，如图8-79所示。

图8-78　插入其他字段

图8-79　添加重复区域

（7）打开"重复区域"对话框，在"记录集"下拉列表框中选择"mes"选项，单击选中"所有记录"单选按钮，单击 确定 按钮，如图8-80所示。

（8）完成重复区域的添加，效果如图8-81所示。

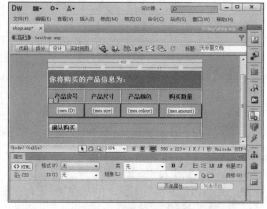

图8-80　设置重复区域　　　　　　　　　　　图8-81　完成重复区域的添加

8.3.4　使用插入记录表单向导

插入记录表单向导可将输入或设置到表单中的内容及时提交到连接的数据库中，并通过其他网页显示数据库中收集到的数据内容。下面在"buy.asp"网页文件中使用插入记录表单向导，具体操作如下。

微课视频

使用插入记录表单
向导

（1）打开"buy.asp"网页，将插入点定位到空白的单元格中，打开"插入"面板，选择"数据"选项，单击"插入记录"选项左侧的下拉按钮 ，在打开的下拉列表框中选择"插入记录表单向导"选项，如图8-82所示。

（2）打开"插入记录表单"对话框，在"连接"下拉列表框中选择"testbuy"选项，单击"插入后，转到"文本框右侧的 浏览 按钮，如图8-83所示。

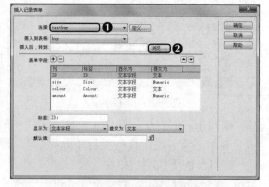

图8-82　插入记录表单向导　　　　　　　　　图8-83　设置连接的数据源

（3）打开"选择文件"对话框，选择前面设置好的"shop"文件，单击 确定 按钮，如图8-84所示。

（4）返回"插入记录表单"对话框，选择"表单字段"列表框中ID字段对应的选项，在"标签"文本框中输入文本"产品货号："，在"默认值"文本框中输入文本

"20200046587"，如图8-85所示。

图8-84 选择跳转的目标网页

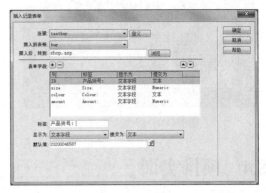

图8-85 设置表单字段

（5）设置其他字段的标签名称，完成后单击 确定 按钮，如图8-86所示。

（6）选择表单中的按钮，设置"值"为"加入购物车"，适当美化文本字段左侧的标签文本格式，效果如图8-87所示。

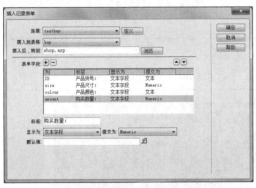

图8-86 设置其他字段的标签名称

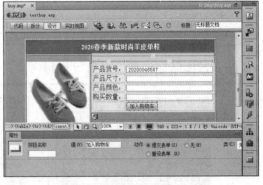

图8-87 设置表单中的按钮

（7）保存并预览网页，输入需要的产品尺寸、产品颜色和购买数量等数据，然后单击 加入购物车 按钮，如图8-88所示。

（8）此时自动打开"shop.asp"网页，网页中收集了填写的购物数据，如图8-89所示。

图8-88 输入购买数据

图8-89 提交购物单

（9）返回"buy.asp"网页，输入新的购买数据，然后单击 加入购物车 按钮，如图8-90所示。

（10）此时"shop.asp"网页又增加了新填写的购物数据，如图8-91所示。

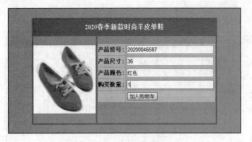

图8-90　输入购买数据

图8-91　提交购物单

8.4　项目实训

8.4.1　制作"用户注册"动态网页

1．实训目标

本实训需要在"快乐旅游网"中制作"用户注册"动态网页，要求将用户的注册信息同步收集到数据表中，以便网络管理员管理数据。完成后的网页效果与注册成功后显示的网页效果如图8-92所示。

素材所在位置　素材文件\第8章\项目实训\yhzc
效果所在位置　效果文件\第8章\项目实训\reg.asp

图8-92　完成后的网页效果与注册成功后显示的网页效果

2．专业背景

注册网页是大多数网站都具备的网页，想要吸引大量用户在自己的网站注册，不仅网站内容要符合用户的需求，注册网页的吸引力也起到很大的作用。在网页制作的专业领域，设计者往往会从以下3个方面考虑注册网页的设计与制作。

- **为用户提供注册的理由。** 网站应致力于提高网站的可感知价值，说服新用户注册，同时降低用户的注册成本。网站可以从显性与隐性两方面同时向用户传达注册的好处，为用户提供注册的动力。这些内容可以直接显示在注册网页中，让用户一目了然，坚定用户注册的决心。

- **注册过程简单、轻松。** 轻松的注册过程可以提高注册效率。如果注册过程便捷，那么即使用户并不确定到底会得到什么好处，用户也会更倾向于尝试各种其他服务。过于复杂的注册过程会使用户望而却步。

● **不要悬置新用户**。为新用户提供的指引信息不应在用户注册后就停止。将新用户抛弃在一个不熟悉的网页或缺乏指示新用户下一步行动的行为会使新用户感到迷惘。因此新用户注册后应展示欢迎信息，隐性或显性地指导新用户的下一步行为。

3．操作思路

本实训主要包括配置IIS、建立数据源、创建动态站点、链接数据源、绑定记录集、提交记录表单等过程，如图8-93所示。

①配置IIS	②建立数据源	③创建动态站点
④连接数据源	⑤绑定记录集	⑥添加记录表单

图8-93　"用户注册"网页的制作过程

【步骤提示】

（1）配置"别名"为"reg"，"物理路径"为"D:\reg"的IIS。

（2）将提供的"reg.accdb"数据库文件复制到D盘中的"reg"文件夹中。

（3）配置"站点名称"为"reg"，"本地站点文件夹"为"D:\reg"，"Web URL"为"http://localhost/reg/"，"服务器模型"为"ASP VBScript"，"连接方法"为"本地/网络"的测试服务器。

（4）创建"数据源名"为"reg"，"说明"为"注册数据"，"数据库"为"reg.accdb"的数据源。

（5）打开"reg.asp"网页文件，绑定"reg"记录集，排序为"regID""升序"。

（6）将插入点定位到表格的空单元格中，利用"插入记录表单向导"功能插入记录表单，注意需要指定跳转的网页并删除不需要显示的"regID"字段。

（7）将"提交"按钮文本更改为"确认注册"文本，将"密码："对应的文本字段表单对象设置为"密码"类型，并适当美化表单。

（8）保存网页并预览，输入相应的注册数据后单击"确认注册"按钮跳转到指定的网页，"reg.accdb"数据库中的表格将同步收集到的输入数据。

8.4.2　制作"登录"动态网页

1．实训目标

本实训需要制作"登录"动态网页，要求实现用户输入数据库中存在的用户名与密码后，能够成功登录的功能，完成后的效果如图8-94所示。

素材所在位置	素材文件\第8章\项目实训\login_asp
效果所在位置	效果文件\第8章\项目实训\login_asp\login_db.asp

图8-94 "登录"动态网页的效果

2．专业背景

网站的"登录"网页通常是一个动态网页，用户通过账号登录网站，网站后台利用这种动态交互功能记录用户的登录信息，便于网站查找和管理用户，这是常见的"登录"网页的设计方法。"注册"网页等需要向网站提交数据的网页也基本是动态网页。这种设计方法的优点在于加强了网页的交互性，提高了网站管理、信息收集的效率等。

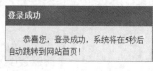

3．操作思路

完成本实训首先需要配置IIS服务器、配置站点、创建数据库连接、添加服务器行为，最后修改网页代码，操作思路如图8-95所示。

①配置IIS服务器 ②配置站点 ③创建数据库连接

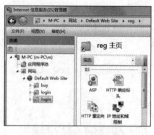

④添加服务器行为 ⑤修改网页代码

图8-95 制作"登录"动态网页的操作思路

【步骤提示】

（1）将素材复制到H盘中，创建本地站点文件夹，打开文件夹，查看文件夹中的所有内容。

（2）配置一个"别名"为"login"，"物理路径"为"H:\login_asp"的IIS服务器。

（3）配置"站点名称"为"login_asp"的本地站点，并在服务器中添加记录。

（4）打开"login.asp"网页文件，在网页中创建数据库连接，并设置提供的数据源。

（5）打开"记录集"对话框添加记录，然后在"服务器行为"面板中单击▣按钮，在打开的下拉列表框中选择"用户身份验证"/"登录用户"选项。

（6）切换到代码视图，定位鼠标指针到第二行，按【Enter】键换行，添加"md5.asp"的引用代码。向下滚动，找到代码"Request.Form("password")"，将代码修改为"md5(Request.Form("password"))"。

（7）完成设置后保存网页，然后测试网页，完成制作。

8.5　课后练习

　　本章主要介绍了制作ASP动态网页的相关知识，包括动态网页基础、安装与配置IIS、使用Acess创建数据表、创建与配置动态站点、创建数据源、创建记录集、插入记录、插入重复区域、分页记录集、配置IIS和动态站点、创建数据表并连接数据源、绑定记录集并插入字段，以及使用插入记录表单向导等内容。对于本章的内容，读者可适当理解，有兴趣的读者可以查阅其他书籍进一步深入学习。

练习1：制作"注册"动态网页

　　本练习需要制作"注册"动态网页，要求处理用户提交的表单信息，完成后的效果如图8-96所示。如果注册成功则为右侧上图效果，否则为右侧下图效果。

 效果所在位置　效果文件\第8章\课后练习\zhuce_asp\zhuce.asp

图8-96　"注册"动态网页效果

要求操作如下。

● 创建数据库文件、配置IIS和创建动态网站。

● 连接动态网页与数据库，以及插入数据库记录。

练习2：制作"果蔬网"购买网页

本练习需要为"果蔬网"购物网站制作"加入购物车"网页，使用户可以在此网页中输入需要购买的产品信息，然后单击"加入购物车"按钮将这些信息显示到"确认购买"网页，完成后的效果如图8-97所示。

素材所在位置　素材文件\第8章\课后练习\buy.asp、shop.asp
效果所在位置　效果文件\第8章\课后练习\论坛\buy.asp、shop.asp

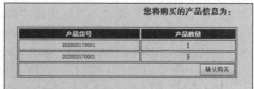

图8-97　"果蔬网"购买网页效果

要求操作如下。

- 配置IIS服务器，创建一个"别名"为 "buy"的IIS，并将站点指定到该目录中。然后使用Access 2010创建数据库，并在数据库中编辑"ID"（货号）和 "amount"（购买数量），保存并关闭 Access 2010。

- 打开"buy.asp"网页文件，利用"数据库"面板连接创建的数据源。
- 利用"绑定"面板创建记录集，并将相应的字段名称插入对应的单元格中，完成后通过"服务器行为"面板将字段名称所在的单元格行创建为重复区域。
- 打开"shop.asp"网页文件，将插入点定位到空白单元格中，选择"插入"面板中的 "数据"选项，打开"插入记录表单"对话框，在对话框中设置相关参数，将"插入后，转到"路径设置为"buy.asp"网页文件，然后修改"表单字段"中的内容。
- 插入一个表单，然后添加按钮元素，将"值"更改为"加入购物车"，然后通过空格调整位置，完成后保存网页，预览效果。单击"加入购物车"按钮后将打开"buy.asp"网页，并显示选择的数据。

8.6　技巧提升

1. 更新记录

Web应用程序中可能包含让用户在数据库中更新记录的网页。在"服务器行为"面板中单击"添加"按钮，在打开的下拉列表框中选择"更新记录"选项，打开"更新记录"对话框，如图8-98所示，完成更新记录。"更新记录"对话框中部分选项的含义如下。

- "要更新的表格"下拉列表框：选择要更

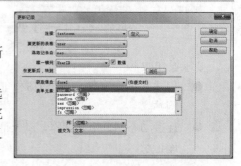

图8-98　"更新记录"对话框

新的表格名称。
- **"选取记录自"下拉列表框**：指定网页中绑定的记录集。
- **"唯一键列"下拉列表框**：选择关键列，以识别关键列在数据库表单上的记录，若值是数字，则应单击选中"数据"复选框。
- **"在更新后，转到"文本框**：在文本框中输入一个URL，表单中的数据更新后将跳转到这个URL指向的网页。

2．删除记录

利用"删除记录"面板，可以在网页中删除不需要的记录。在"服务器行为"面板中单击"添加"按钮 ，在打开的下拉列表框中选择"删除记录"选项，打开"删除记录"对话框，如图8-99所示，删除记录。

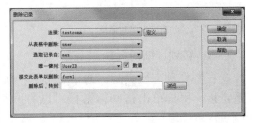

图8-99　"删除记录"对话框

3．插入动态表格

表格是显示表格式数据最常用的方法，动态表格从数据库中获取数据并动态显示在表格的单元格中。创建动态表格的具体操作如下。

（1）在"插入"面板中选择"数据"选项，单击"动态数据"选项左侧的下拉按钮 ，在打开的下拉列表框中选择"动态表格"选项，打开"动态表格"对话框。

（2）在"记录集"下拉列表框中选择一个记录集，然后在下方设置具体参数，如图8-100所示。

（3）完成后单击 确定 按钮，在网页中插入一个动态表格，如图8-101所示。

图8-100　"动态表格"对话框

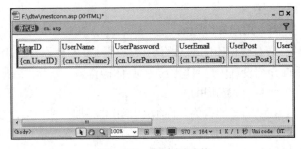

图8-101　插入动态表格

4．插入动态文本

使用动态表格虽然非常方便，但会显示记录集中每个字段的数据。如果只需要显示部分内容，就需要使用动态文本工具手动添加每一个需要的字段。插入动态文本的具体操作如下。

（1）在网页中根据需要显示的字段数创建表格，将插入点定位到需要显示文本的单元格中，在"插入"面板中选择"数据"选项，单击"动态数据"选项左侧的下拉按钮 ，在打开的下拉列表框中选择"动态文本"选项。

（2）打开"动态文本"对话框，在"域"列表框中选择需要显示的字段，在"格式"下拉列表框中选择要使用的格式，如图8-102所示。

（3）单击 确定 按钮，将动态文本添加到插入点所在的单元格中。添加动态文本后，在Dreamweaver中的显示效果和在浏览器中的预览效果如图8-103所示。

图8-102 "动态文本"对话框

姓名	电邮	性别	注册时间	上次登录时间	登录次数
{cn.UserName}					

姓名	电邮	性别	注册时间	上次登录时间	登录次数
{rs_wen.UserName}	{rs_wen.UserEmail}	{rs_wen.UserSex}	{rs_wen.JoinDate}	{rs_wen.LastLogin}	{rs_wen.UserLogins}

姓名	电邮	性别	注册时间	上次登录时间	登录次数
admin	eway@163.com	0	2003-12-30 16:34:32	2007-3-8 21:58:14	10

图8-103 插入的动态文本效果

5．转到详细网页

在制作动态网页时，通常会创建一个显示简略信息的记录列表，并为该记录列表创建超链接。用户单击这些超链接可以打开另一个显示详细信息的网页。这个网页就是详细网页。

在动态网站中，并不是每条记录都需要对应一个详细网页的物理文档，所有记录其实是共享同一个详细网页文档，通过传递参数的方式来实现不同记录内容的读取和返回。也就是说，只需要建立一个公用的详细网页程序文档就可以实现所有同类记录的详细内容展示。

在文档窗口中选择用于设置跳转链接的目标记录项，在"插入"面板中选择"数据"选项，选择"转到详细页面"选项，打开相应对话框进行设置，如图8-104所示，插入"转到详细页面"链接。

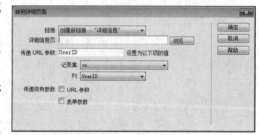

图8-104 "转到详细页面"对话框

6．用户身份验证

带有数据库的网站的后台管理网页不允许普通用户访问，只有管理员登录后才能访问。下面介绍设置用户身份验证的具体操作。

（1）检查新用户

在"服务器行为"面板中单击"添加"按钮，在打开的下拉列表框中选择"用户身份验证"选项，在子列表中选择"检查新用户名"选项，打开"检查新用户名"对话框，在其中检查新用户名，如图8-105所示。

（2）登录用户

在"服务器行为"面板中单击"添加"按钮，在打开的下拉列表框中选择"用户身份验证"选项，在子列表中选择"登录用户"选项，打开"登录用户"对话框，如图8-106所示。

"登录用户"对话框中相关选项的含义如下。

● "从表单获取输入"下拉列表框：选择接受哪一个表单的提交。
● "用户名字段"下拉列表框：选择用户名对应的文本框。
● "密码字段"下拉列表框：选择用户密码对应的文本框。
● "使用连接验证"下拉列表框：选择使用连接的数据库。
● "表格"下拉列表框：确定使用数据库中的哪一个表格。
● "用户名列"下拉列表框：选择用户名对应的字段。
● "密码列"下拉列表框：选择用户密码对应的字段。
● "如果登录成功，转到"文本框：在文本框中输入一个URL，表示用户如果登录成功，就打开该URL所在的网页。

● **"如果登录失败，转到"文本框**：在文本框中输入一个URL，表示用户如果登录失败，就打开该URL所在的网页。

● **"基于以下项限制访问"栏**：单击选中相应的单选按钮，可设置是否包含级别验证。

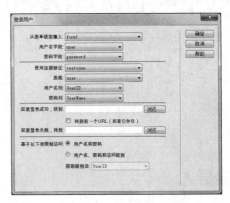

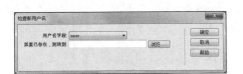

图8-105 "检查新用户名"对话框

图8-106 "登录用户"对话框

（3）限制对页的访问

在"服务器行为"面板中单击"添加"按钮，在打开的下拉列表框中选择"用户身份验证"选项，在子列表中选择"限制对页的访问"选项，打开"限制对页的访问"对话框，如图8-107所示，设置相关参数。单击 定义 按钮，打开"定义访问级别"对话框，可设置用户对页的访问级别，如图8-108所示。

图8-107 "限制对页的访问"对话框

图8-108 "定义访问级别"对话框

（4）注销用户

在"服务器行为"面板中单击"添加"按钮，在打开的下拉列表框中选择"用户身份验证"选项，在子列表中选择"注销用户"选项，打开"注销用户"对话框，如图8-109所示，可设置用户注销时的条件等。

图8-109 "注销用户"对话框

第9章
网站的测试与发布

情景导入

　　米拉不知道别人是否能访问到自己制作的网页，老洪说需要将整个网站上传到Internet才能供其他用户浏览访问。另外，老洪还叮嘱米拉，网站完成制作后，需要对网站进行测试和发布。

学习目标

- **掌握"千履千寻"公司网站的测试方法**
  如兼容性测试、检查并修复链接、检测加载速度等。
- **掌握"千履千寻"公司网站的发布方法**
  如申请主页空间、发布站点等。

案例展示

▲ 测试网站

▲ 发布网站

9.1 课堂案例：测试"千履千寻"公司网站

米拉希望能尽快掌握将网站发布到Internet的方法，但老洪告诉米拉需要先学习有关网站测试的内容，保证发布到Internet中的网站被其他用户浏览时不会出现问题，并让米拉完成测试"千履千寻"公司网站的工作。

此任务涉及网站兼容性测试、检查并修复链接，以及检测加载速度等操作。图9-1所示为链接检查与设置加载速度的界面。

素材所在位置 素材文件\第9章\课堂案例\q1qx
效果所在位置 效果文件\第9章\课堂案例\q1qx

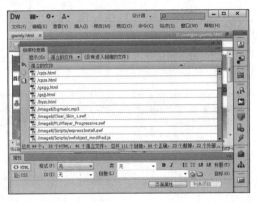 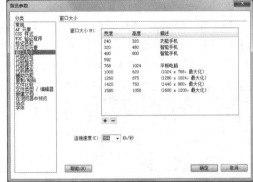

图9-1 链接检查与设置加载速度的界面

9.1.1 兼容性测试

对网站进行兼容性测试可以检查网页中是否存在目标浏览器不支持的标签或属性。若网页包含目标浏览器不支持的属性，则会导致网页显示不正常或部分功能不能正常运作。目标浏览器检查会提示3个级别的潜在问题，包括告知性信息、警告和错误。

- **告知性信息**：表示代码在特定浏览器中不支持，但没有可见的影响。
- **警告**：表示某段代码将不能在特定浏览器中正确显示，但不会导致任何严重的显示问题。
- **错误**：表示代码可能在特定浏览器中会导致严重、可见的问题，如导致网页的某些部分消失。

下面在"gsdt.html"网页文件中测试浏览器兼容性，具体操作如下。

（1）打开"gsdt.html"网页文件，单击工具栏上的"检查浏览器兼容性"按钮，在打开的下拉列表框中选择"设置"选项，如图9-2所示。

（2）打开"目标浏览器"对话框，在"浏览器最低版本"列表框中设置各种目标浏览器允许显示此网页的最低版本，完成后单击 确定 按钮，如图9-3所示。

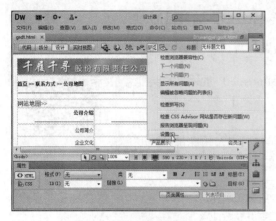

图9-2　设置目标浏览器

图9-3　设置浏览器的最低版本

（3）返回"gsdt.html"网页，再次单击工具栏上的"检查浏览器兼容性"按钮，在打开
的下拉列表框中选择"检查浏览器兼容性"选项，如图9-4所示。

（4）打开"浏览器兼容性"面板，列表框中将显示检查到的兼容性错误，若未检测到错
误，则提示未检测到任何问题，如图9-5所示。

图9-4　检查浏览器兼容性

图9-5　显示检查结果

9.1.2　检查并修复链接

为确保网页中的超链接都可靠、有效，在发布站点前还需检查所有
超链接的URL地址是否正确。若有错误，则及时修改，以保证用户在
单击链接时能准确跳转到目标位置。Dreamweaver可以检查3种类型的链
接，分别为断掉的链接、外部链接和孤立文件。

微课视频

检查并修复链接

- **断掉的链接**：检查文档中是否存在断开的链接。
- **外部链接**：检查外部链接。
- **孤立文件**：检查站点中是否存在孤立文件。

利用Dreamweaver的"检查链接"功能可快速搜索打开的文档、本地站点的某一部分，
以及整个本地站点中断开的链接和未被引用的文件。下面在"gwmly.html"网页文件中检查
并修复链接，具体操作如下。

（1）打开"gwmly.html"网页文件，执行【文件】/【检查页】/【链接】菜单命令，如图9-6
所示。

（2）打开"链接检查器"面板，在"显示"下拉列表框中选择"断掉的链接"选项，下方
将显示当前网页中断开的链接，如图9-7所示。

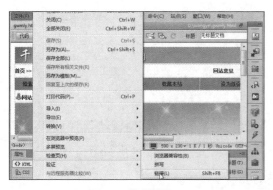

图9-6 检查链接

图9-7 显示断掉的链接

（3）在"断掉的链接"列表框中的路径处单击使路径呈可编辑状态，单击右侧的"浏览文件夹"按钮，如图9-8所示。

（4）打开"选择文件"对话框，重新链接目标文件，如图9-9所示。

图9-8 编辑链接

图9-9 重新链接目标文件

（5）在"显示"下拉列表框中选择"外部链接"选项，检查当前网页中的所有外部链接，如图9-10所示。

（6）在"外部链接"列表框中的路径处单击使路径呈可编辑状态，重新输入正确的外部链接路径，如图9-11所示。

图9-10 显示外部链接

图9-11 更改链接路径

（7）打开"文件"面板，在"站点-qlqxsite"文件夹上单击鼠标右键，在弹出的快捷菜单中执行【检查链接】/【整个本地站点】菜单命令，如图9-12所示。

（8）在"链接检查器"面板的"显示"下拉列表框中选择"孤立的文件"选项，显示站点中的所有孤立文件，如图9-13所示。

图9-12　选择整个本地站点　　　　　　　　　　图9-13　显示孤立文件

> **知识提示**
>
> **什么是孤立的文件**
>
> 　　孤立的文件是指站点中没有用到的文件，有可能是多余的文件，也有可能是忘记链接的文件，因此不能轻易删除，应重新检查这些文件并确定是否属于多余的文件。

9.1.3　检测加载速度

网页加载速度是指网页显示完包含的所有内容所耗费的时间，这是衡量网页制作水平的一个重要标准。在发布网站之前，可以检测网页加载速度，并适当设置加载速度。下面在"rxjp.html"网页文件中检测并设置加载速度，具体操作如下。

（1）打开"rxjp.html"网页文件，在"属性"面板上方的状态栏右侧可看到当前网页的加载速度为"1K/1秒"，如图9-14所示。

（2）按【Ctrl+U】组合键打开"首选参数"对话框，在"分类"列表框中选择"窗口大小"选项，在右侧的"窗口大小"列表框中可更改网页窗口的宽度和高度，在"连接速度"下拉列表框中可更改加载速度，完成后单击 确定 按钮，如图9-15所示。

图9-14　查看网页加载速度　　　　　　　　　　图9-15　更改网页加载速度

9.2　课堂案例：发布"千履千寻"公司网站

完成网站的测试工作后，老洪让米拉将"千履千寻"公司网站发布到Internet中，供其他用户浏览，老洪还提示米拉完成申请和开通主页空间、配置远程信息，以及发布站点等操作。图9-16所示为申请的主页空间和发布网页时的界面。

素材所在位置 素材文件\第9章\课堂案例\qlqxgs

 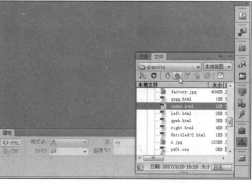

图9-16 申请主页空间和发布网站时的界面

9.2.1 申请主页空间

要让其他用户可以通过Internet访问自己的网站，在将网站发布到
Internet之前，需要申请一个主页空间。该空间就是网站在Internet存放的
位置，网上用户在浏览器中输入该位置的地址后就可以访问网站。

1．注册并申请主页空间

网上可申请主页空间的网站比较多，各个网站的申请操作基本相
同。下面在"虎翼网"上申请免费主页空间，具体操作如下。

（1）启动浏览器，在地址栏中输入虎翼网的网址后按【Enter】键，访
问虎翼网，单击网页右上方的"免费试用，立即注册"图像超链
接，如图9-17所示。

（2）打开"快速注册"对话框，输入并设置注册信息，单击 快速注册 按
钮，如图9-18所示。

图9-17 访问网站

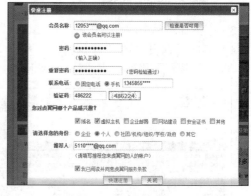

图9-18 注册会员

（3）注册成功后将打开"注册成功"提示对话框，如图9-19所示。

（4）稍后网页将自动跳转到图9-20所示的网页，在网页中可选择试用的类型。

图9-19　注册成功

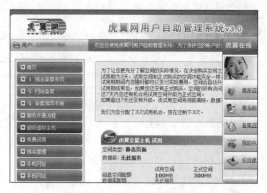

图9-20　注册成功后的网页

2．开通主页空间

微课视频

开通主页空间

　　注册成功后还需要开通主页空间，下面继续在"虎翼网"中开通主页空间，具体操作如下。

（1）单击需要开通机型右下方的"试用该服务"超链接，如图9-21所示。

（2）打开提示对话框，单击 关闭 按钮，如图9-22所示。

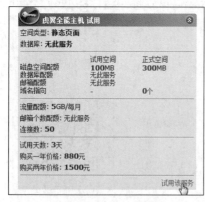

图9-21　选择试用机型

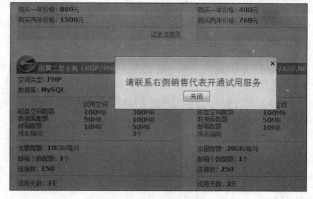

图9-22　关闭提示对话框

（3）根据提示单击网页右侧的"售前咨询"超链接，如图9-23所示。

（4）在打开网页中的"开始对话"栏中输入姓名、电子邮件和问题等内容，然后单击 留言 按钮，如图9-24所示。

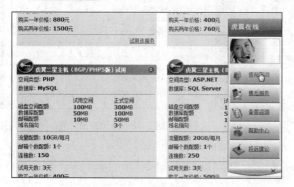

图9-23　售前咨询

图9-24　输入对话信息

（5）稍后"虎翼网"将接通客服人员，可根据实际需要与客服人员交流，客服人员了解情况后会按照要求开通相应的试用主机，如图9-25所示。

（6）返回之前的网页，查看开通试用主机的效果，网页中还提示了试用期限和空间大小等内容，如图9-26所示。

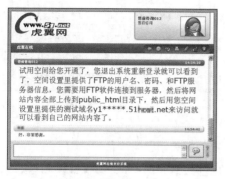

图9-25　通过对话开通空间

图9-26　开通成功

9.2.2　发布站点

利用Dreamweaver发布站点时，首先应配置站点的远程信息，然后发布站点。

1．配置远程信息

配置远程信息可以使Dreamweaver连接到Internet中的主页空间，为实现将站点文件上传到主页空间做好准备。下面以配置"qlqxsite"站点为例，介绍配置远程信息的方法，具体操作如下。

微课视频

配置远程信息

（1）在Dreamweaver中执行【站点】/【管理站点】菜单命令，如图9-27所示。

（2）打开"管理站点"对话框，在列表框中选择"qlqxsite"选项，单击"编辑当前选定的站点"按钮，如图9-28所示。

图9-27　管理站点

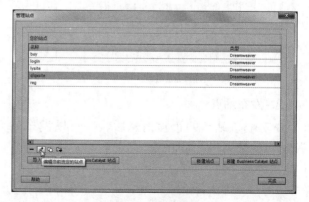

图9-28　编辑站点

（3）打开"设置站点对象qlqxsite"对话框，在对话框左侧选择"服务器"选项，单击对话框右侧的"添加"按钮，如图9-29所示。

（4）在打开的对话框中设置"服务器名称"为"qlqxsite"，在"连接方法"下拉列表框中选择"FTP"选项，在"FTP地址""用户名""密码""根目录""Web URL"文本框中输入"虎翼网"提供的相关数据，单击　　测试　　按钮，如图9-30所示。

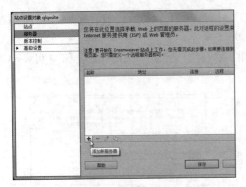

图9-29　添加服务器

图9-30　设置服务器

知识提示

如何获取服务器的相关信息

重新登录"虎翼网"后，在显示的网页左侧选择"空间设置"选项，将在页面右侧显示"FTP服务器""FTP用户名""FTP密码""试用期临时域名"，并且在开通主页空间时客服人员会及时告知根目录。

（5）稍后Dreamweaver将尝试连接Web服务器，成功后将打开图9-31所示的提示对话框，单击 确定 按钮。

（6）依次单击 保存 按钮完成服务器的远程信息配置，如图9-32所示。

图9-31　测试成功

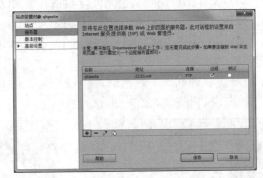

图9-32　保存设置

2. 发布站点

成功配置站点的远程信息后，就可以发布站点了。下面发布"qlqxsite"站点，具体操作如下。

微课视频

发布站点

（1）打开"文件"面板，选择需上传的网页文件，然后单击"上传文件"按钮 ⬆，如图9-33所示。

（2）当Dreamweaver连接到Web服务器后，将打开"后台文件活动"对话框，显示文件的上传进度。文件上传成功后将自动关闭该对话框。

多学一招

上传整个站点文件

如果在"文件"面板中选择站点对应的文件夹后再单击"上传文件"按钮 ⬆，就代表上传整个站点的内容。

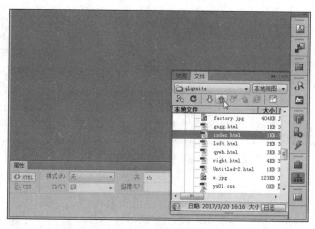

图9-33　选择上传的网页文件

认识网站访问量

网站的访问量是衡量网站成功与否的重要指标，要想增加网站访问量，就需要宣传网站。下面介绍4种在网站制作行业中较为常用的网站宣传技巧。

- **导航网站登录。** 对于流量不大、知名度不高的网站来说，进入导航网站能够有效提高访问量，如"网址之家""265网址"等。
- **友情链接。** 友情链接可以给一个网站带来稳定的访问量，也有助于提升网站在搜索引擎中的排名。设置友情链接时，最好能链接一些流量较高的知名网站，或是和网站内容互补的网站，然后是同类网站。
- **搜索引擎登录。** 搜索引擎能给网站带来较多流量，登录搜索引擎时，可以使用专门的登录软件（如"登录骑兵"等），也可以手动登录。
- **网络广告投放。** 投放网络广告虽然成本较高，但能给网站带来可观的流量。

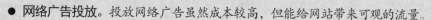

9.3　项目实训

9.3.1　测试与发布"快乐旅游"网站

1. 实训目标

本实训需要测试与发布"快乐旅游"网站，要求测试并修复浏览器的兼容性和各种链接，然后为站点配置正确的远程信息，并将其上传至申请的主页空间。本实训的网站测试与发布操作的参考效果如图9-34所示。

高清彩图

网站测试与发布操作的参考效果

微课视频

测试与发布"快乐旅游"网站

素材所在位置　素材文件\第9章\项目实训\klly

图9-34　网站测试与发布操作的参考效果

2．专业背景

网站发布标志着网页制作正式告一段落。在正式发布网站之前，必须测试网页。本章只简要地设置网页，在专业领域，网站测试包括许多方面，如配置测试、兼容性测试、易用性测试、文档测试，以及安全性测试等。假如网站面向全球的用户，则还应包括本地化测试。

另外，使用不同技术制作的网站程序应该在不同的环境中测试。目前主流的一些网站程序，如ASP、ASP.NET和PHP等，都需在不同的环境中进行测试并得到测试结果。因此测试网站前了解网站的运行环境，不仅有利于测试，也为决定以后选购什么样的网站主页空间提供了依据。

3．操作思路

本实训主要涉及网站测试、配置远程信息，以及发布站点等操作，操作思路如图9-35所示。

  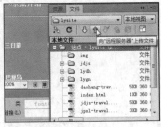

　　① 网站测试　　　　　　　　② 配置远程信息　　　　　　　③ 发布站点

图9-35　测试与发布"快乐旅游"网站的操作思路

【步骤提示】

（1）分别打开"lvyou"网站中的各个网页，对网站进行兼容性测试、链接检查和下载速度测试等操作。

（2）配置"lvyou"网站的远程信息，包括设置访问方式、FTP主机地址、登录名及密码等信息，并进行测试。

（3）将整个网站的内容全部发布到申请的"虎翼网"主页空间中。

9.3.2　测试与发布"多肉植物"网站

1．实训目标

本实训需要对制作的"多肉植物"网站进行站点配置，并将网站上传至申请的主页空间。本实训完成后的参考效果如图9-36所示。

 素材所在位置　素材文件\第9章\项目实训\dr

图9-36　发布"多肉植物"网站的参考效果

2．专业背景

网站发布后并不意味着就万事大吉了，此时还有很多事情要做，包括做好网站的日常维护、更新网站内容，处理网站卡顿、不能访问等突发事件。此外还要收集用户的意见和建议等，以便为网站的改版做好准备。

3．操作思路

完成本实训首先需要配置IIS服务器信息，测试与服务器的连接，发布网站，操作思路如图9-37所示。

①设置服务器信息　　　　②测试服务器的连接　　　　③发布网站

图9-37　测试与发布"多肉植物"网站的操作思路

【步骤提示】

（1）配置"dr"网站的远程信息，包括设置访问方式、FTP主机地址、登录名及密码等信息，并进行测试。

（2）将整个站点的内容全部发布到申请的"虎翼网"主页空间中。

9.4　课后练习

本章主要介绍了网站的测试与发布的相关知识，包括兼容性测试、检查并修复链接、检测加载速度、申请主页空间，以及发布网站等内容。对于本章的内容，设计者可以适当理解和掌握，只需做到能成功发布网站即可。

练习：测试并发布"mysite"网站

素材所在位置　素材文件\第9章\课后练习\mysite

本练习需要测试并发布"mysite"网站，相关操作要求如下。

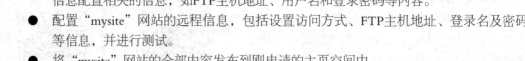

- 打开"mysite"网站中的各个网页，测试网页兼容性。
- 分别检查"mysite"网站的各个网页，包括检查断掉的链接、外部链接，并检查整个网站的孤立文件，最后修复检查出的问题。
- 分别测试"mysite"网站各个网页的加载时间，如果超过8秒，则尝试利用"首选参数"对话框设置窗口大小和加载速度。
- 重新在"虎翼网"中申请试用的主页空间，并获取其中与远程信息配置相关的信息，如FTP主机地址、用户名和登录密码等内容。
- 配置"mysite"网站的远程信息，包括设置访问方式、FTP主机地址、登录名及密码等信息，并进行测试。
- 将"mysite"网站的全部内容发布到刚申请的主页空间中。

9.5 技巧提升

1．申请免费域名

在申请免费的个人主页时，提供免费个人主页的网站一般会同时提供一个免费的域名及空间。下面拓展介绍申请免费域名的相关知识。

域名是由一串用点分隔的名字组成的Internet中某一台计算机的名称，用于在数据传输时标识该计算机的电子方位，便于用户记忆和访问服务器地址。一般来讲，免费的域名都是二级域名或带免费域名机构相应信息的一个链接目录；免费域名的服务没有相应的保证，随时可能被删除或停止。专业性网站、大中型公司网站或有大量访问客户的网站需申请专用域名，若是个人网站则不一定需要申请专用域名。

在申请域名前应多准备几个域名，以防域名已被注册。为了验证域名是否已被注册，可到专门的网站（如万网、新网）查询域名。

如果需要的域名未被注册，则应及时向域名注册机构申请注册。在网上申请域名时会要求填写相应的个人或单位资料，申请国内域名还需单位加盖公章。在填写资料时，应具体填写个人的地址信息及其他联系信息，如电话、E-mail等信息，以便联系。

域名申请成功后，通常还需要将该域名指向主页空间，以便用户能通过该域名访问到对应的网页内容。

2．如何在局域网中发布网站

首先要在局域网中作为服务器的计算机上安装类似Windows Server 2012等具备服务器功能的操作系统，同时要安装IIS，并配置IIS的Web服务器，使IIS能正常显示网页。接着需要配置FTP服务器，即创建FTP服务器，配置时需要指定访问用户，同时也要指定正确的站点目录，站点目录通常与Web服务器中指定的位置相同。最后使用Dreamweaver制作并上传网页。

3．轻松解决发布网站后，首页网页不显示的问题

发布网站后，在浏览器的地址栏中输入正确的网址后不能显示首页，可能是首页网页名称与空间所在的网站默认的首页名称不同造成的。遇到这种情况，可以先阅读所申请空间的网站命名首页名称的相关规则，然后根据该规则重新设置首页名称。

第10章
综合案例——制作
植物网站

情景导入

米拉在如今的工作中游刃有余，在老洪的指导下，能够保证制作各种网页的速度和质量。公司最近需要制作一个关于植物信息的网站，米拉自告奋勇地担任了该网站的主要设计师。

学习目标

● **巩固使用Dreamweaver CS6制作网站的方法**
如创建站点、创建Div标签、创建CSS样式、添加并设置表格、添加图片等。
● **进一步熟悉网站的制作流程**
如网站前期规划、后期制作等。

案例展示

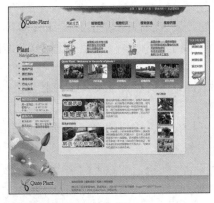

▲ 植物网站首页效果

▲ "微观多肉世界"网页效果

10.1 实训目标

本实训需要制作一个植物类的信息网站，要求在制作该网站时先创建站点文件，并将制作网站需要的素材统一放置到站点文件中，再启动Dreamweaver CS6制作网页。该网站以浅色调为主，用棕色、绿色等色彩丰富网页，并在网页中添加了文字与图片。该网站首页分为上、中、下3个结构，上方用于放置网站的主要导航条，中间用于放置网站的主要内容，下方用于显示网站的基本信息，完成后的参考效果如图10-1所示。

 素材所在位置 素材文件\第10章\综合案例\plant
效果所在位置 效果文件\第10章\综合案例\plant

图10-1　植物网站首页的参考效果

10.2 专业背景

在制作网站前，应先明确制作网站的目的和预期的效果。制作网站的目的不同，需要实现的功能不同，设计与规划也就不同。本实训的植物网站属于信息类网站，在制作网站时需要注意以下7个方面。

- 事先准备制作网站需要的相应资料，如Logo、网站简介、产品图片、产品目录、报价、服务项目、服务内容、地址及联系方式等。
- 由于信息类网站的内容较多，本实训将采用三栏布局，网页的中间用于显示网站的主要内容。
- 为了更好地体现网站的特色，本实训将划分多个导航条，即除了网站上方的主要导航条外，再添加左侧的内容导航条和右侧的快速导航条，使用户在浏览本网站时能快速找到自己需要的内容。
- 为了清楚地表达网站的内容，本实训主要采用淡色调，文本、图片等的颜色主要采用深色，使用户在浏览时有轻快的感觉。
- 为了避免用户阅读大量冗余的文字，产生枯燥感，网站主页尽量使用图片，以吸引用户。

● 网站中的信息必须准确，不要为用户提供错误的信息，保证网站的专业性。
● 网站首页主要用于体现网站的主要服务、特色和功能，不要添加过多且不必要的内容，以免引起用户反感。

10.3 制作思路分析

本实训的制作涉及本书讲解的大部分知识，整个制作过程分为创建站点和网页文件、布局网页结构、制作页头内容、制作网页主体、制作页脚内容5步。本实训的操作思路如图10-2所示。

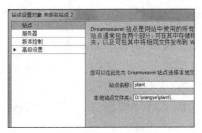

① 创建站点和网页文件

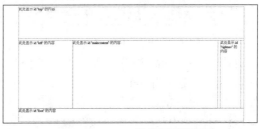

② 布局网页结构

③ 制作页头内容　　　　④ 制作网页主体　　　　⑤ 制作页脚内容

图10-2　制作植物网站首页的操作思路

10.4 操作过程

明确操作思路后，就可以制作植物网站了。本实训将制作植物网站的首页。

10.4.1 创建站点和网页文件

下面新建"plant"站点，创建网站主页为"index.html"，并新建"style.css"层叠样式表文件，将文件链接到网站中，为网页创建最基本的文件，具体操作步骤如下。

微课视频

创建站点和网页文件

（1）启动Dreamweaver CS6，执行【站点】/【新建站点】菜单命令，在打开对话框的"站点名称"文本框中输入文本"plant"，在"本地站点文件夹"文本框中设置文件的根目录，然后单击 保存 按钮，如图10-3所示。
（2）执行【文件】/【新建】菜单命令，在打开的对话框中保持默认设置不变，单击 创建(R) 按钮创建一个空白网页。在新建的空白网页中按【Ctrl+S】组合键保存网页，在打开的对话框中将空白网页存储到创建的"plant"站点根目录下，并将空白网页命名为"index.html"。
（3）执行【文件】/【新建】菜单命令，在"空白页"选项卡的"页面类型"列表框中选择"CSS"选项，单击 创建(R) 按钮创建一个空白的CSS层叠样式表文件，如图10-4所示。

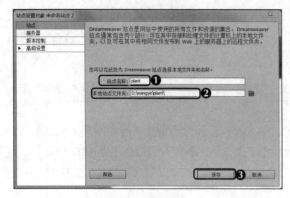

图10-3　创建站点　　　　　　　　　　　　图10-4　新建CSS层叠样式表

（4）在新建的空白CSS层叠样式表文件中按【Ctrl+S】组合键，在打开的对话框中将文件的
　　　存储位置设置为"plant"站点的根目录，并将文件命名为"style.css"。
（5）切换到"index.html"网页，执行【窗口】/【CSS样式】菜单命令，打开"CSS样式"
　　　面板，单击"附加样式表"按钮 。
（6）打开"链接外部样式表"对话框，在"文件/URL"文本框中输入需链接的CSS样式表
　　　文件，这里输入"style.css"，单击选中"添加为："栏中的"链接"单选按钮并保持
　　　其他默认设置不变，单击 确定 按钮，如图10-5所示。
（7）完成后保存"index.html"网页，此时可在"index.html"下方看到链接后的"style.css"
　　　文件，如图10-6所示。

图10-5　链接CSS层叠样式表　　　　　　　图10-6　查看链接后的文件

10.4.2　布局网页结构

　　下面布局网页的整体结构，将布局划分为上、中、下3栏，并划分
中间部分的网页布局，具体操作如下。

微课视频

布局网页结构

（1）将插入点定位到"index.html"中，执行【插入】/【布局对象】/
　　　【Div标签】菜单命令，打开"插入Div标签"对话框。在"ID"下拉
　　　列表框中输入文本"plant"，单击 新建 CSS 规则 按钮，如图10-7所示。
（2）打开"新建CSS规则"对话框，在"规则定义"下拉列表框中选
　　　择"style.css"选项，保持其他设置不变，如图10-8所示，单击 确定 按钮。

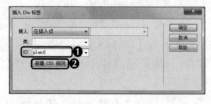

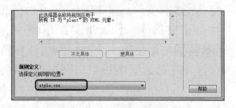

图10-7　插入Div标签　　　　　　　　　　图10-8　新建CSS规则

（3）打开"#plant 的CSS规则定义（在style.css中）"对话框，在"分类"列表框中选择
"方框"属性，在对话框右侧的"Width"下拉列表框中输入文本"1024"，取消选
中"Margin"栏中的"全部相同"复选框，在"Right"和"Left"下拉列表框中选择
"auto"选项，如图10-9所示，单击 确定 按钮。

（4）返回"插入Div标签"对话框，单击 确定 按钮，然后删除"plant"标签中的
文本，使用相同的方法在"plant"标签中插入3个Div标签，分别将标签命名为
"top""main""foot"，并设置标签的CSS样式如图10-10所示。

（5）将插入点定位到ID为"main"的Div标签中，删除标签中的文字，在标签中插入ID为
"left""maincontent""rightnav"的Div标签，源代码如图10-11所示。

图10-9 设置"plant"标签的CSS样式　　　图10-10 添加并　　　图10-11 Div标签源代码

设置标签样式

（6）使用相同的方法设置其他Div标签的CSS样式，如图10-12所示。返回网页中，可看到网
页已布局完成，完成后的效果如图10-13所示。

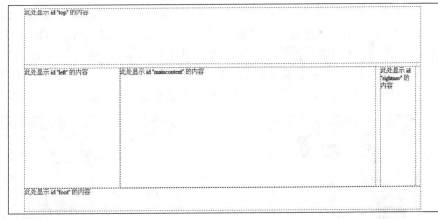

图10-12 设置其他　　　　　　　　　　图10-13 查看网页布局效果

Div标签的CSS样式

10.4.3 制作网页头部

下面在"top"Div标签中布局网页头部，并添加对应的内容，具体
操作步骤如下。

（1）在网页中单击"属性"面板中的 页面属性 按钮，打开"页面
属性"对话框，在"分类"列表框中选择"外观（CSS）"属
性，在对话框右侧的"大小"文本框中输入文本"12"，在"背
景颜色"文本框中输入文本"#eee6d6"，单击 确定 按钮，如图10-14所示。

（2）将插入点定位到"top"Div标签中，删除标签中的文本，在标签中插入ID为"topbg"
　　"logo""mainmenu"的Div标签，并设置CSS样式如图10-15所示。

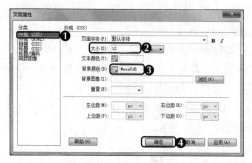

图10-14　设置网页属性

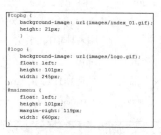

图10-15　添加并设置Div标签

（3）在ID为"topbg"的Div标签中添加一个ID为"topnav"的Div标签，并设置
　　"topbg"Div标签的CSS样式的"font-size""color""text-align""margin-right"分别
　　为"10px""#FFF""right""150px"。

（4）返回网页中，在"topnav"Div标签中输入文本"主页 ｜ 登录 ｜ 广告 ｜ 联系我
　　们 ｜ 在这里留言"，使文本在"topbg"Div标签中显示，完成后的效果如图10-16所示。

图10-16　添加文本后的效果

（5）将插入点定位到ID为"mainmenu"的Div标签中，执行【插入】/【表格】菜单命令，
　　打开"表格"对话框，设置插入一个1行5列，"表格宽度"为"660像素"，"边框粗
　　细"、"单元格边距"和"单元格间距"都为"0"的表格，如图10-17所示。

（6）单击对话框中的 确定 按钮，返回网页中，将插入点定位到第一个单元格中，执行
　　【插入】/【图像】菜单命令，打开"选择图像源文件"对话框，选择"images"文件
　　夹中的"menu01.gif"素材图像，单击 确定 按钮，如图10-18所示。

图10-17　插入表格

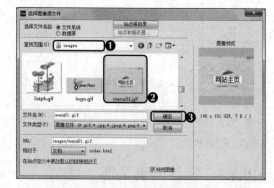

图10-18　插入图像

（7）在打开的提示对话框中单击 确定 按钮，插入图像。返回网页中可看到插入的图像。

（8）将插入点定位到第二个单元格中，执行【插入】/【图像对象】/【鼠标经过图像】菜
　　单命令，打开"插入鼠标经过图像"对话框。在"原始图像"和"鼠标经过图像"文
　　本框中输入图像的路径，单击 确定 按钮，如图10-19所示。

（9）使用相同的方法，在剩余的单元格中分别插入鼠标经过图像，并设置原始图像为

"menu03.gif" "menu04.gif" "menu05.gif"；鼠标经过图像为 "menu03h.gif" "menu04h.gif" "menu05h.gif"，完成网页头部的制作，效果如图10-20所示。

图10-19 添加鼠标经过图像

图10-20 查看网页头部效果

10.4.4 制作网页主体

下面制作网页的主体部分，分别在 "left" "main" "rightnav" Div标签中添加内容，具体操作如下。

（1）为 "left" 标签的CSS样式添加 "background-image" 和 "background-repeat" 样式，样式的属性值分别为 "index_leftbg.gif" 和 "no-repeat"，然后将插入点定位到 "left" Div标签中，在标签中插入一个ID为 "leftnav" 的Div标签，并设置 "leftnav" Div标签的CSS样式如图10-21所示。

（2）将插入点定位到 "leftnav" Div标签中，在标签中添加ID为 "navtitle" "navmenu" "navcontat" 的Div标签，并设置 "navcontat" Div标签的CSS样式如图10-22所示，返回网页查看效果。

（3）将插入点定位到 "navmenu" Div标签中，在标签中添加一个ul列表，设置列表第一个li的ID为 "listtitle"，其余li的class为 "listnav"，源代码如图10-23所示。

（4）切换到CSS样式表，在CSS样式表中添加对应的CSS样式，使第一个列表文本显示为白色并添加背景色；取消列表前默认的小圆点，并设置背景图片，代码如图10-24所示。

```
#left {
    background-image:
url(images/index_leftbg.gif);
    height: 696px;
    width: 245px;
    background-repeat: no-repeat;
    float: left;
}
#leftnav {
    height: 100%;
    width: 203px;
    margin-right: 22px;
    margin-left: 20px;
}
```

图10-21 设置 "leftnav"
Div标签的CSS样式

```
#navtitle {
    background-image:
url(images/index_14.gif);
    float: left;
    height: 109px;
    width: 100%;
}
#navmenu {
    float: left;
    height: 175px;
    width: 100%;
    margin-bottom: 10px;
}
#navcontat {
    float: left;
    height: 155px;
    width: 100%;
    margin-bottom: 10px;
    background-image:
url(images/L_img2.gif);
}
```

图10-22 设置CSS
样式（一）

```
<div id="navmenu">
<ul>
<li id="listtitle">植物信息</li>
<li class="listnav">植物产品</li>
<li class="listnav">园艺资料</li>
<li class="listnav">植物收藏</li>
<li class="listnav">行业人才</li>
<li class="listnav">行业服务</li>
</ul>
</div>
```

图10-23 添加列表

```
ul #listtitle {
    font-family: "方正准圆简体";
    font-size: 14px;
    font-weight: bold;
    color: #FFF;
    background-color:#9db350;
}
ul .listnav {
    font-family: "方正准圆简体";
    font-size: 14px;
    color: #2a211a;
}
#navmenu ul li{
list-style-image:
url(images/navlist.gif);
line-height:24px;
}
```

图10-24 设置列表
的CSS样式

（5）将插入点定位到 "navcontent" Div标签中，在标签中插入两个class名为 "navtime" 的Div标签，并设置 "navtime" Div标签的CSS样式的 "float" "margin-bottom" "width" 分别为 "left" "5px" "203px"。

（6）在第一个 "navtime" Div标签中插入一个4行3列的表格，然后合并第一列，设置表格宽度为 "38"；合并第一行，设置表格高度为 "34"，并在表格中输入文本，完成后的效果如图10-25所示。

（7）在样式表中新建 "tdtitle" 和 "tdcontent" 的类CSS样式，CSS代码如图10-26所示。

（8）在网页的设计视图中选择表格的第一行，并单击鼠标右键，在弹出的快捷菜单中执行【CSS样式】/【tdtitle】命令，为表格应用 "tdtitle" 样式，并为第2~4行应用tdcontent样式。然后使用相同的方法为第二个 "navtime" Div标签添加表格、文本，并应用样式，应用后的效果如图10-27所示。完成网页主体左侧内容的设置。

图10-25　添加表格

图10-26　设置表格的CSS样式

图10-27　查看效果（一）

（9）将鼠标指针定位到 "maincontent" 标签中，为 "maincontent" 样式添加 "background_image" 和 "background_repeat" 样式，属性值分别为 "url(images/index_29.gif)" 和 "no_repeat"。

（10）在 "maincontent" Div标签中插入ID为 "contentlist" "contph" "contentinf" 的Div标签，并分别设置标签的CSS样式，如图10-28所示。

（11）将插入点定位到 "contentlist" Div标签中，在标签中添加class名为 "leftlist" 的Div标签，并在 "leftlist" Div标签中插入两个class名为 "photolist" 和 "list" 的Div标签。分别在标签中添加一张图片和ul列表，源代码如图10-29所示。

（12）切换到CSS样式表文件，为文件添加对应的CSS样式，代码如图10-30所示。

图10-28　设置CSS样式（二）

图10-29　添加源代码

图10-30　添加CSS样式

（13）复制 "leftlist" Div标签包含的内容，粘贴到该标签后。修改粘贴的标签中的图片和文本，完成后的效果如图10-31所示。

图10-31　查看粘贴并修改标签后的效果

（14）将插入点定位到 "contph" 标签中，在标签中插入ID为 "phtitle" "phimg" "phcont" 的Div标签，并设置标签的CSS样式如图10-32所示。

（15）在 "phtitle" 和 "phcont" 标签中输入文本，在 "phimg" 标签中插入 "imglist" 标签，并在 "imglist" 标签中嵌套class名为 "imgstyle" 和 "imgtitle" 的Div标签。设置标签对应的CSS样式如图10-33所示。

（16）完成后返回网页，在 "imgstyle" 和 "imgtitle" Div标签中添加图像和文本，然后复制并粘贴4个"imglist"Div标签，修改标签中的图像和文本，完成后的效果如图10-34所示。

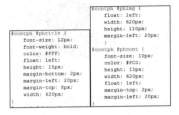

图10-32 设置网页　　图10-33 设置布局　　　　图10-34 查看效果（二）

（17）用与设置前面两个Div标签相同的方法设置"contentinf"Div标签，在标签中嵌套class名为"leftcontent"和"rightcontent"的Div标签，分别设置标签的CSS样式如图10-35所示。

（18）在"leftcontent"Div标签中嵌套class名为"act"的Div标签，在"act"标签中嵌套"acttitle"和"actcont"Div标签，并设置"act"和"acttitle"标签的CSS样式如图10-36所示。

（19）在"acttitle"标签中输入文本，在"actcont"标签中插入图像并输入文本，然后为"actcont"标签及其中的图像定义CSS样式如图10-37所示。

（20）完成后在"leftcontent"Div标签中再粘贴一个"act"标签，然后修改标签中的图像和文本，最终效果如图10-38所示。

图10-35 设置样式（一）　图10-36 设置　　图10-37 定义样式　　图10-38 预览效果

　　　　　　　　　　　　样式（二）

（21）使用相同的方法在"rightcontent"Div标签中添加"acttitle"和"actimg"Div标签，并设置"actimg"标签中img的CSS样式的"float""margin-top""margin-left""border""border-color"分别为"left""3px""3px""solid""#C93"，完成后的效果如图10-39所示。

（22）使用相同的方法在右侧的"rightnav"Div标签中添加"h3"和"navh3"标签，源代码、CSS样式和应用后的效果分别如图10-40的左图、中图、右图所示。

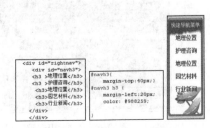

图10-39 查看效果（三）　　　　　　　　图10-40 源代码、CSS样式及效果

10.4.5 制作网页底部

微课视频

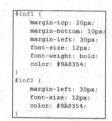

制作网页底部

下面在网页底部的"foot"Div标签中添加并确定每部分的内容和位置，使其显示网页的相关信息，具体操作步骤如下。

（1）删除"foot"Div标签中的文本，在标签中嵌套ID为"footloge""footline""footinf"的Div标签，并分别设置标签的CSS样式如图10-41所示。

（2）在"fontinf"Div标签中嵌套ID为"inf 1"和"inf 2"的Div标签，并分别设置标签的CSS样式如图10-42所示。

（3）完成后在"inf 1"和"inf 2"标签中分别输入文本，效果如图10-43所示。

（4）完成后保存网页和CSS文件，然后在浏览器中预览效果。

图10-41 设置CSS样式（一）

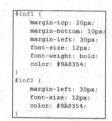

图10-42 设置CSS样式（二）

图10-43 预览网页底部效果

10.5 项目实训

10.5.1 制作"北极数码"网站

1．实训目标

高清彩图

"北极数码"网站首页的参考效果

微课视频

制作"北极数码"网站

本实训需要制作"北极数码"网站，此网站提供的信息是与数码产品相关的数据、最新资讯和行业动态等内容。要求利用模板提高网页的制作效率，涉及模板应用、CSS样式设置、超链接创建，以及文本、图像等对象的添加等操作，完成后的参考效果如图10-44所示。

图10-44 "北极数码"网站首页的参考效果

素材所在位置	素材文件\第10章\项目实训\bjsm\img
效果所在位置	效果文件\第10章\项目实训\bjsm\digit\index.html

2．专业背景

数码产品的盛行使得数码类网站日益增多。一个专业的数码类网站应该具备以下4个特点。

- **网站结构清晰，便于用户操作。** 针对这种情况，可使用醒目的标题或文字来突出内容，尽量做到简单整洁、易于阅读和操作。
- **网站导向功能清晰。** 使用超链接让用户在网站中轻松实现各个目标的链接跳转。
- **网站内容加载快速。** 使用图像时，要尽量避免使用文件大小过大的图像，可调整图像格式来保证图像质量，同时减小图像文件大小。
- **不断改进。** 数码类网站是用户了解数码产品的重要渠道，要想在诸多同类网站中脱颖而出，仅做到以上几点是远远不够的，还需要不断借鉴、模仿和积累，认真学习，仔细分析，不断改进。

3．操作思路

根据实训要求，本实训涉及规划和管理站点、创建并制作网页模板，以及利用模板制作网站首页及其他网页等操作，操作思路如图10-45所示。

① 创建并管理站点

② 制作模板　　　　　　　③ 制作网页

图10-45　制作"北极数码"网站的操作思路

【步骤提示】

（1）创建名为"digit"的站点，并将站点文件夹保存在D盘的"digit"文件夹中，将素材中的"img"文件夹复制到"digit"文件夹中。

（2）在Dreamweaver中打开"资源"面板，创建名为"frame"的模板，双击打开模板文件。在模板中利用创建表格和外部CSS样式文件等操作制作模板内容，然后添加可编辑区域。

（3）利用模板创建"index.html"网页，在可编辑区域中插入表格，并输入新闻标题和内容，插入相关图像并调整。复制表格并进行修改，制作此网页的其他新闻内容。

（4）按照相同思路利用模板创建"北极数码"站点中的其他网页。

10.5.2　制作"微观多肉世界"网页

1．实训目标

本实训需要制作"微观多肉世界"网站，该网站是为多肉植物爱好者提供交流的网站。完成后的参考效果如图10-46所示。

素材所在位置	素材文件\第10章\项目实训\wgdr\img
效果所在位置	效果文件\第10章\项目实训\wgdr\html\index.html

图10-46　"微观多肉世界"网站主页和二级网页的参考效果

2．专业背景

在网站设计过程中还需要处理相关的设计
问题。

- **明暗设计**：在设计网页的明暗关系时，选择深色还是浅色进行设计很大程度上取决于网站的整体风格，浅色并不一定代表"潮流"。

- **关于分栏**：目前，大多数网站仍采用传统布局版式，如主页采用3栏~4栏设计，子网页采用两栏。极少有简单的单页网站。

- **介绍信息**：网站的介绍信息通常放在网页顶端，主要内容是该网站对用户的简短而友好的声明。该板块一般会结合生动形象的、醒目的平面设计。

- **关于导航**：大多数网站设计师将主要导航布局在右上角。

- **关于搜索框**：当网站包含大量信息时，网站用户需要使用搜索功能，因此搜索框的设计也非常重要。

3．操作思路

本实训主要根据草图进行布局，采用3行3列的布局方式来布局网页，色彩方面主要以绿色为主色调，用不同明度的绿色给网站增加层次感，体现出生机勃勃的感觉，操作思路如图10-47所示。

①创建站点和文件夹

②制作网页

图10-47　制作"微观多肉世界"网站的操作思路

【步骤提示】

（1）创建一个站点，然后创建相关的文件和文件夹。

（2）利用CSS+Div布局主页，然后向主页中添加相应的内容，最后使用相同的方法制作网站的二级网页和三级网页。

（3）保存网页并预览。

10.6 课后练习

本章主要通过制作植物网站综合复习了本书讲解的内容，重点涉及规划与管理站点、创建表格和嵌套表格、创建外部CSS样式文件、链接和设置、绘制AP Div、创建超链接、创建图像热点区域等多种操作。下面通过两个练习进一步巩固本书的相关内容。

练习1：制作珠宝官网首页

本练习需要为某珠宝公司设计一个电商平台的官网首页，完成后的参考效果如图10-48所示。

素材所在位置	素材文件\第10章\课后练习\images
效果所在位置	效果文件\第10章\课后练习\html2\index.html

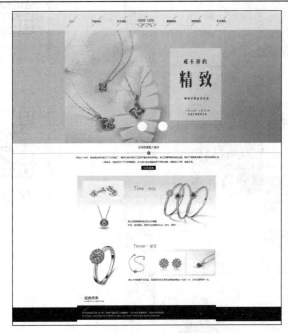

图10-48　珠宝官网首页的效果

要求操作如下。

- 启动Dreamweaver，创建一个站点，然后创建相关的文件和文件夹。
- 在网页中添加Div标签，然后通过CSS设计器来布局网页页面，并设置相关格式。
- 插入图像和动画到相关的Div中，并调整大小和位置等属性格式。
- 选择需要添加超链接的文本或图像，在"链接"文本框中输入链接地址，然后在需要的图像区域创建热点超链接，绘制矩形热点区域，设置链接地址。
- 保存网页文件，然后按【F12】键预览网页文件。

练习2：制作"墨韵箱包馆"网页

本练习需要制作一个箱包公司的官网首页，要求该网页实现电子商务功能，完成后的参考效果如图10-49所示。

素材所在位置 素材文件\第10章\课后练习\images
效果所在位置 效果文件\第10章\课后练习\html\index.html

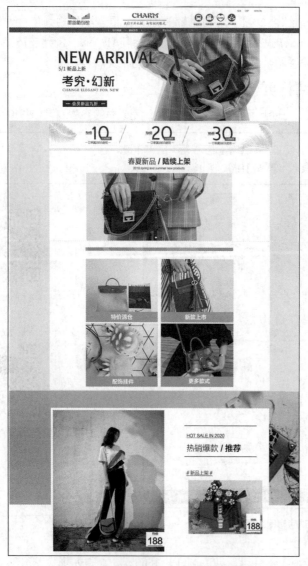

高清彩图

"墨韵箱包馆"网页
的参考效果

微课视频

制作"墨韵箱包馆"
网页

图10-49 "墨韵箱包馆"网页的参考效果

要求操作如下。

● 启动Dreamweaver，创建一个站点，然后创建相关的文件和文件夹。

● 在网页中添加Div标签，然后通过CSS设计器来布局网页页面，并设置相关的格式。

● 插入图像和动画到相关的Div中，并调整大小和位置等属性格式。

● 选择需要添加超链接的文本或图像，在"链接"文本框中输入链接地址，然后在需要的图像区域创建热点超链接，绘制矩形热点区域，设置链接地址。

● 保存网页文件，然后按【F12】键预览网页文件。